D1704614

Einführung in die Fourier-Analysis

Burkhard Lenze

Die Deutsche Bibliothek - CIP-Einheitsaufnahme

Lenze, Burkhard
Einführung in die Fourier-Analysis / Burkhard Lenze. - Berlin :
Logos-Verl., 1997

ISBN 3-931216-46-2

Zweite durchgesehene Auflage
Copyright 1997, 2000 Logos Verlag Berlin

Alle Rechte vorbehalten.

ISBN 3-931216-46-2

Logos Verlag Berlin
Michaelkirchstr. 13
10179 Berlin
Tel.: 030 - 42851090
INTERNET: http://www.logos-verlag.de/

Anschrift des Autors:
Prof. Dr. Burkhard Lenze
Fachbereich Informatik
Fachhochschule Dortmund
Postfach 105018
44047 Dortmund
Email: lenze@fh-dortmund.de

Inhaltsverzeichnis

	Vorwort	iii
1	**Fourier-Reihen**	**1**
1.1	Einleitung	1
1.2	Fourier-Reihen quadratintegrabler periodischer Funktionen	4
1.3	Fourier-Reihen stetiger periodischer Funktionen	21
1.4	Fourier-Reihen unstetiger periodischer Funktionen	36
1.5	Fourier-Reihen anderer Klassen periodischer Funktionen	44
1.6	Lösungshinweise zu den Übungsaufgaben	50
2	**Fourier-Integrale**	**60**
2.1	Einleitung	60
2.2	Fourier-Integrale quadratintegrabler Funktionen	62
2.3	Fourier-Integrale stetiger integrierbarer Funktionen	89
2.4	Fourier-Integrale anderer Klassen von Funktionen	94
2.5	Zusammenhang von Fourier-Reihen und -Integralen	100
2.6	Lösungshinweise zu den Übungsaufgaben	110
3	**Laplace-Integrale**	**120**
3.1	Einleitung	120
3.2	Laplace-Integrale spezieller Funktionen	123
3.3	Laplace-Integrale und gewöhnliche Fourier-Integrale	134
3.4	Laplace-Integrale und Cauchy-Hauptwert-Fourier-Integrale	146
3.5	Spezielle Eigenschaften der Laplace-Integrale	158
3.6	Lösungshinweise zu den Übungsaufgaben	164
4	**Anwendungen der Fourier-Analysis**	**174**
4.1	Einleitung	174
4.2	RCL-Netzwerke in der analogen Regelungstechnik	176
4.3	Digitale Signalverarbeitung in der Nachrichtentechnik	185
4.4	Lösungshinweise zu den Übungsaufgaben	196
	Literaturverzeichnis	**198**
	Symbolverzeichnis	**200**
	Index	**202**

Abbildungsverzeichnis

1.1 Skizze von $T(x) = 1 + \cos(x - 1.5) - \cos(0.7)$ 12

1.2 Skizze von $D_6(x) = \dfrac{\sin(\frac{13}{2}x)}{\sin(\frac{1}{2}x)}$ 25

1.3 Skizze von F_4f, F_5f, F_6f und F_7f 55

1.4 Skizze von F_5f, F_7f und F_9f 57

3.1 Skizze der Konvergenzhalbebene 124

3.2 Skizze der Wege W_1, W_2, W_3 und W_4 144

4.1 Skizze einer gegengekoppelten npn-Transistorschaltung 177

4.2 Skizze eines PD-Reglers mit PT_1-Gegenkopplungsglied (gestrichelt) 178

4.3 Skizze eines RC-Verzögerungsglieds erster Ordnung (PT_1-Glied) . . 179

4.4 Skizze der Ortskurve des Frequenzgangs des PT_1-Glieds 183

4.5 Skizze des RC-Glieds zur Aufgabe 184

4.6 Skizze des Primärsignals f 187

4.7 Skizze des Fourier-transformierten Signals $|f^\wedge|$ 187

4.8 Skizze des Fourier-transformierten gefilterten Signals $|f_F^\wedge|$ 188

4.9 Skizze des gefilterten Primärsignals f_F 189

4.10 Skizze des SH-Signals $f_{F,SH}$ 190

4.11 Skizze des quantisierten SH-Signals $f_{F,SH,Q}$ 192

4.12 Skizze der Dirac-Typ-Modifikation $f_{F,SH,Q,D}$ 194

Vorwort

Mit dem vorliegenden Buch stellen wir einen der wesentlichen angewandten Zweige der klassischen Analysis vor, nämlich die *Fourier-Analysis*. Um zu motivieren, um was es bei diesem Themengebiet der Analysis geht, erinnern wir uns zunächst, daß eine der zentralen Aufgaben der anwendungsorientierten Mathematik darin besteht, festzustellen, wieviel "lokale" bzw. "diskrete" Information notwendig ist, um eine Funktion einer gewissen Funktionenklasse "global" eindeutig festzulegen. Zum Beispiel wissen wir, daß ein Polynom $p \in \Pi_n$ durch $(n+1)$ paarweise verschiedene Punktfunktionale $d_k : \Pi_n \to I\!R$,

$$d_k(p) := p(\xi_k) \doteq \eta_k \quad , \quad k \in \{0, 1, \ldots, n\} \quad ,$$

bereits eindeutig festgelegt ist. p ist dann das sogenannte Interpolationspolynom zu den Stützstellen $\xi_o < \xi_1 < \ldots < \xi_n$ und den zugehörigen Interpolationsdaten $\eta_o, \eta_1, \ldots, \eta_n$. Ein entsprechendes Resultat gilt im Falle der trigonometrischen Interpolation. Im Rahmen der Fourier-Analysis sind es nun keine Punktfunktionale, die in Hinblick auf eindeutige Festlegung einer Funktion untersucht werden, sondern Integralfunktionale spielen die Rolle der "lokalen" bzw. "diskreten" Informationsgeber. Genauer gesagt geht es bei der Behandlung sogenannter *Fourier-Reihen* um die Rekonstruktion 2π-*periodischer* integrierbarer Funktionen f aus den *abzählbar* unendlich vielen Integralfunktionalvorgaben $c_k : L_1^{2\pi} \to \mathcal{C}$,

$$c_k(f) := \frac{1}{2\pi} \int_0^{2\pi} f(t) e^{-ikt} dt \doteq \eta_k \quad , \quad k \in \mathbb{Z} \quad .$$

Die Frage, die sich also stellt, lautet: Welche Funktionen $f \in L_1^{2\pi}$ lassen sich durch die Bedingungen $c_k(f) = \eta_k$, $k \in \mathbb{Z}$, in welchem Sinne eindeutig festlegen, und wie sind sie konkret aus $c_k(f)$, $k \in \mathbb{Z}$, berechenbar? Entsprechend handelt es sich im *nichtperiodischen* Kontext – Stichwort: *Fourier-Integrale* – um das Problem der Rekonstruierbarkeit integrierbarer Funktionen f aus den *überabzählbar* unendlich vielen Funktionalvorgaben $(\cdot)^\wedge(x) : L_1(I\!R) \to \mathcal{C}$,

$$f^\wedge(x) := \int_{-\infty}^{\infty} f(t) e^{-ixt} dt \doteq \eta(x) \quad , \quad x \in I\!R \quad ,$$

d.h., die Frage lautet: Inwieweit sind Funktionen $f \in L_1(I\!R)$ durch $f^\wedge(x)$, $x \in I\!R$, eindeutig bestimmt, analysierbar und schließlich rekonstruierbar?

Betrachtet man die obigen Fourier-Integrale, so fällt auf, daß Funktionen f, die als Funktionen von t nicht hinreichend schnell abnehmen, also z. B. alle $f \notin L_1(I\!R)$, kein Fourier-Integral besitzen und damit *ad hoc* keiner Fourier-Analyse zugänglich sind. Um auch für diese Funktionen Fourier-Analyse- und -Synthese-Strategien zu entwickeln, hat man neben dem Faktor e^{-ixt} mit rein imaginärem Exponenten einen weiteren Faktor e^{-yt} ins Spiel gebracht, der für $yt > 0$ exponentiell dämpft und so auch für nicht integrierbare Funktionen f dafür sorgen kann, daß $f(t)e^{-ixt}e^{-yt}$ als Funktion von t integrierbar wird. Setzt man nun zur Abkürzung $z := y+ix \in \mathcal{C}$ und betrachtet ausschließlich Funktionen f, die nur für $t \geq 0$ interessant sind (kausaler Fall, formal $f(t) := 0$, $t < 0$), dann kommt man zum sogenannten *Laplace-Integral*,

$$f^\sim(z) := \int_0^\infty f(t)e^{-zt}dt \doteq \eta(z) \, , \, z \in \mathcal{C} \, , \, \mathrm{Re}\, z > \alpha \, .$$

Neben der zunächst naheliegenden Frage, wie f und α miteinander zusammenhängen, gilt es auch hier zu untersuchen, inwieweit $f : \mathbb{R} \to \mathcal{C}$ durch $f^\sim(z), z \in \mathcal{C}, \mathrm{Re}\, z > \alpha$, eindeutig bestimmt, analysierbar und schließlich rekonstruierbar ist.

Dem ersten Fragenkomplex, also den Fourier-Reihen, geht das erste Kapitel nach. Die Fourier- und Laplace-Integrale sind Gegenstand der Kapitel 2 und 3; schließlich werden im abschließenden Kapitel 4 einige Anwendungen der klassischen Fourier-Analysis diskutiert.

Im folgenden einige grundsätzliche Bemerkungen zum Buch: Die Konzeption des Buches ist so angelegt, daß es sowohl als *Nachschlagewerk* als auch als *Lehrbuch* genutzt werden kann. Der Aspekt des Nachschlagewerks wird dadurch realisiert, daß am Ende des Buches ein Index angefügt ist, in dem alle zentralen Definitionen und Sätze unter den in der Literatur gängigen Namen aufgeführt sind. Im Buch selbst wird das schnelle und gezielte Auffinden des jeweiligen Resultats dadurch erleichtert, daß die Definitionen und Sätze das zugehörige Stichwort in ihrer Überschrift in Klammern mitführen. Dem Aspekt des Lehrbuches wird unter anderem dadurch Rechnung getragen, daß an verschiedenen Stellen kleinere Aufgaben eingestreut sind, die zur Erarbeitung und Festigung des Stoffes selbständig gelöst werden sollten. Da teilweise auf die Lösungen der Aufgaben im nachfolgenden Text aufgebaut wird, befinden sich am Ende eines jeden Kapitels relativ ausführliche Lösungshinweise zu den Übungsaufgaben; sobald also eine Aufgabe nicht selbständig gelöst werden kann, sollten diese Lösungshinweise zu Rate gezogen werden, um keine Wissenslücken entstehen zu lassen. Der Lehrbuchcharakter ist ferner daran erkennbar, daß alle Resultate und Sätze im Buch mathematisch präzise formuliert und ausnahmslos bewiesen sind. Diese mathematische Strenge und Geschlossenheit ist jedoch nur für die Leserinnen und Leser von Bedeutung, die über solide Grundkenntnisse aus der Analysis verfügen und darüber hinaus mit der Lebesgueschen Maß- und Integrationstheorie vertraut sind. Diejenigen, die mehr an der "Praxis" der Fourier-Analysis interessiert sind und lediglich einen "fundierten Überblick" über die mathematischen Grundla-

gen dieser wichtigen Theorie gewinnen wollen, mögen das Buch unter folgenden
Randbedingungen lesen:

- Zum Verständnis der Definitionen und Sätze möge man sich den jeweiligen
  Raum der Lebesgue-integrierbaren Funktionen ersetzt denken durch den Raum
  der beschränkten Riemann-integrierbaren Funktionen. Im Fall kompakter Integrationsintervalle ist diese Spezialisierung stets ohne Einschränkungen zulässig; im Fall nichtkompakter Integrationsgebiete muß man im allgemeinen noch
  die Zusatzbedingung der absoluten uneigentlichen Integrierbarkeit an die beschränkten Riemann-integrierbaren Funktionen stellen (Details ergeben sich
  aus dem jeweiligen Kontext).

- Die nicht oder wenig mathematisch interessierten Leserinnen und Leser sollten
  die Beweise der Sätze lediglich überfliegen, die komplizierteren Beweise (deutlich länger als eine Seite) sogar am besten direkt überspringen. Anstelle der
  Beweise sollten dann allerdings der Fließtext (Einleitungen, Überleitungen, Bemerkungen) im Buch besonders sorgfältig gelesen werden, da dort die (Praxis-)
  Relevanz der jeweiligen Resultate erläutert und in einen anwendungsorientierten Kontext gebracht wird.

Desweiteren sei darauf hingewiesen, daß die *imaginäre Einheit* in diesem Buch, wie
allgemein üblich, mit i und nicht, wie in der Elektrotechnik, mit j bezeichnet wird.
Die Größe i steht also immer für die imaginäre Einheit und nie für einen Index!
Schließlich wird im Buch mit δ_{jk} durchgängig das sogenannte *Kronecker-Symbol* abgekürzt, $\delta_{jk} := 0$, falls $j \neq k$, und $\delta_{jk} := 1$, falls $j = k$, wobei j und k beliebige
ganze Zahlen sind.

Abschließend ist es mir eine besondere Freude, Herrn Prof. Dr. Franz Locher (FernUniversität Hagen) ganz herzlich für zahlreiche Hinweise und Anregungen bei der Erstellung der Erstfassung dieses Buches als Teil des FernUniversitätskurses "Čebyšev-Polynome und Fourier-Analysis" zu danken. (Mein Dank gilt in diesem Zusammenhang auch der FernUniversität Hagen für die Genehmigung, die wesentlichen Inhalte
des Fourier-Analysis-Teils des obigen Kurses in dieses Buch übernehmen zu dürfen.)
Seine Sicht der Dinge hat an verschiedenen Stellen ihren Niederschlag gefunden,
und ohne seine Ideen wäre das Buch sicher um einiges ärmer. Dennoch ist natürlich
ausschließlich der Autor für eventuell noch vorhandene Fehler oder Unklarheiten im
Text verantwortlich, die trotz größter Sorgfalt bei der Erstellung nie ganz auszuschließen sind. In jedem Fall sind konstruktive Kritik und Verbesserungsvorschläge
immer willkommen, am besten via E-Mail an `lenze@fh-dortmund.de` .

Viel Spaß beim Lesen!

Dortmund, im März 1997   Burkhard Lenze

Bei der vorliegenden zweiten Auflage wurden lediglich kleinere Tippfehler korrigiert sowie einige Formulierungen geringfügig überarbeitet. Ferner wurde ergänzend zum Index ein Symbolverzeichnis hinzugefügt, um ein noch schnelleres Auffinden der zentralen Abkürzungen und Definitionen zu ermöglichen. Zu weiteren Änderungen oder Korrekturen bestand kein Anlaß. Allen Leserinnen und Lesern herzlichen Dank für die ermutigende Annahme des Buches! Auch für die zweite Auflage gilt wieder: Konstruktive Kritik und Verbesserungsvorschläge sind immer willkommen, am besten via E-Mail an `lenze@fh-dortmund.de`.

Viel Spaß beim Lesen!

Dortmund, im Januar 2000 　　　　　　　　　　　　　　　　　　　　　　　Burkhard Lenze

Kapitel 1

Fourier-Reihen

1.1 Einleitung

Das Problem der Fourier-Analyse besteht im periodischen Fall im wesentlichen darin, aus einer in der Zeit periodischen Information die sogenannten harmonischen Anteile mit speziellen Grundfrequenzen herauszufiltern und – beim Prozeß der Fourier-Synthese – aus linearen Kombinationen dieser harmonischen Anteile die Ausgangsinformation (auch Ausgangssignal genannt) möglichst genau wieder zu rekonstruieren. Zunächst besteht also die Aufgabe darin, die in Frage kommenden Grundfrequenzen zu finden. Nimmt man (nach eventueller Skalierung) ohne Einschränkung an, daß das Ausgangssignal f 2π-periodisch ist, also die Frequenz (präziser: die Kreisfrequenz) 1 hat, so macht man sich in einem ersten Schritt mit einem einfachen Periodizitätsargument schnell klar, daß nur harmonische Signale mit ganzzahligen Vielfachen der durch f vorgegebenen Ausgangsfrequenz geeignet sind, eine wie auch immer geartete Rekonstruktion von f mittels Superposition zu realisieren. Man wird also deshalb mit ganzzahligen Frequenzen $k \in I\!N_o$ sowie den dadurch induzierten elementaren harmonischen Basisfunktionen $\cos(k \cdot)$, $k \in I\!N_o$, und $\sin(k \cdot)$, $k \in I\!N$, arbeiten und etwa folgenden qualitativen Zusammenhang erwarten:

$$f(t) \sim \frac{a_o}{2} + \sum_{k=1}^{\infty} a_k \cos(kt) + b_k \sin(kt) \ ,$$

bzw. in komplexer Terminologie ($e^{ikt} = \cos(kt) + i\sin(kt)$) ,

$$f(t) \sim \sum_{k=-\infty}^{\infty} c_k e^{ikt} \ ,$$

wobei $\frac{1}{2}a_o = c_o$, $a_k = c_k + c_{-k}$ und $b_k = i(c_k - c_{-k})$ gilt. Die Frage, die natürlich offen bleibt, lautet: Wie lassen sich die Amplituden $\frac{a_o}{2}$, a_k , b_k bzw. c_k aus f berechnen, und wie läßt sich das bisher vage umrissene intuitive Konzept in einen vernünftigen mathematischen Kontext bringen?

Wir gehen im folgenden aus von einer beliebigen 2π-periodischen komplexwertigen über $[0, 2\pi)$ Lebesgue-integrierbaren Funktion f (kurz: $f \in L_1^{2\pi}$) sowie ihren wie folgt gegebenen komplexen *Fourier-Koeffizienten* $c_k(f)$,

$$c_k(f) := \frac{1}{2\pi} \int_0^{2\pi} f(t) e^{-ikt} dt \ , \ k \in \mathbb{Z} \ .$$

Wir können nun f die sogenannte n-te periodische *Fourier-Summe* $F_n f$,

$$F_n f(x) := \sum_{k=-n}^{n} c_k(f) e^{ikx} \ , \ x \in \mathbb{R} \ , \ n \in \mathbb{N}_o \ ,$$

sowie – zunächst formal ohne Rücksicht auf Existenz oder Konvergenz – die *Fourier-Reihe* Ff ,

$$Ff(x) := \sum_{k=-\infty}^{\infty} c_k(f) e^{ikx} \ , \ x \in \mathbb{R} \ ,$$

zuordnen. Damit ergeben sich natürlich eine Fülle von Fragen (Eigenschaften, Existenz, Interpretierbarkeit, Konvergenzgeschwindigkeit, etc.), die wir im folgenden beantworten werden.

In Abschnitt 1.2 betrachten wir die Fourier-Summen $F_n f$, $n \in \mathbb{N}_o$, sowie die Fourier-Reihe Ff lediglich für quadratintegrable 2π-periodische komplexwertige Funktionen f (kurz: $f \in L_2^{2\pi} \subset L_1^{2\pi}$). Wir können in $L_2^{2\pi}$ ein Skalarprodukt definieren, durch welches $L_2^{2\pi}$ zum Hilbert-Raum wird. Die Struktur des Hilbert-Raums ermöglicht es nun, zahlreiche klassische Resultate herzuleiten; stichwortartig seien genannt: Proximum-Eigenschaft von $F_n f$, Besselsche Ungleichung, Riesz-Fischer-Theorem, Parsevalsche Gleichung sowie die Konvergenz der Fourier-Reihe im $L_2^{2\pi}$-Sinne.

Abschnitt 1.3 beschäftigt sich dann mit dem Konvergenzverhalten der Fourier-Reihe für auf ganz $\mathbb{R}$ stetige komplexwertige 2π-periodische Funktionen f (kurz: $f \in C^{2\pi}$). Zunächst zeigen wir, daß nicht für jedes $f \in C^{2\pi}$ die Konvergenz der zugehörigen Fourier-Reihe gesichert ist. Anschließend geben wir eine üblicherweise nach Dini benannte hinreichende Bedingung an f an, die die lokale Konvergenz der Fourier-Reihe ganz allgemein sichert.

Der folgende Abschnitt 1.4 geht der Frage nach, wie sich die Fourier-Reihe an einer sogenannten (regularisierten oder regulären) Unstetigkeitsstelle x erster Art von f verhält ($f(x+), f(x-)$ existieren, $f(x+) \neq f(x-), f(x) = \frac{1}{2}(f(x+) + f(x-))$). Zunächst stellt man fest, daß unter milden weiteren Bedingungen an f stets $Ff(x) = f(x)$ gilt, d.h., die Fourier-Reihe in x gegen $f(x)$ konvergiert. Diesem positiven Resultat steht jedoch das sogenannte Gibbssche Phänomen entgegen, welches grob

1.1 Einleitung

gesprochen sagt, daß die Fourier-Summen an Unstetigkeitsstellen unerwünschte Oszillationserscheinungen bzw. Überschläge aufweisen, d.h. ausgesprochen langsam konvergieren. Wir veranschaulichen uns dieses Phänomen an einem Beispiel.

Der letzte Abschnitt 1.5 liefert schließlich quantitative Aussagen über den Zusammenhang zwischen der Glattheit von f und der Konvergenzgeschwindigkeit von $F_n f$. Es überrascht nicht, daß die Resultate qualitativ besagen, daß $F_n f$ um so schneller gegen f konvergiert, je höher die Glattheits- bzw. Differenzierbarkeitsordnung von f ist.

Abschließend noch eine wesentliche Konvention: Im gesamten Buch verstehen wir von nun an unter $\sum_{k=-\infty}^{\infty} c_k$ den *symmetrischen* Grenzwert $\lim_{n\to\infty} \sum_{k=-n}^{n} c_k$, sofern dieser existiert, d.h., wann immer im folgenden eine beidseitig unendliche Reihe auftaucht, möge sie im Sinne der Existenz des *symmetrischen* Grenzwerts interpretiert werden.

1.2 Fourier-Reihen quadratintegrabler periodischer Funktionen – Der Hilbert-Raum-Aspekt –

Die schon in der Einleitung 1.1 angegebenen Fourier-Koeffizienten von f sind natürlich bereits dann wohldefiniert, wenn $f : I\!R \to C\!\!\!\!/\,$ lediglich als 2π-periodisch und über $[0, 2\pi)$ Lebesgue-integrierbar vorausgesetzt wird. Aus Gründen, die später klar werden, betrachten wir die Fourier-Koeffizienten zunächst jedoch primär auf dem Raum der 2π-periodischen komplexwertigen quadratintegrablen Funktionen, der wie folgt definiert ist (Man beachte: Für $z = a + ib \in C\!\!\!\!/\,$, $a, b \in I\!R$, sei $\bar{z} := a - ib$ das zugehörige konjugiert-komplexe Element).

1.2.1 Definition und Satz (Der Hilbert-Raum $L_2^{2\pi}$)

Wir bezeichnen den Raum der 2π-periodischen komplexwertigen quadratintegrablen Funktionen mit $L_2^{2\pi}$,

$$L_2^{2\pi} := \{f : I\!R \to C\!\!\!\!/\, \mid f \text{ meßbar}, f(x+2\pi) = f(x)\, ,\, x \in I\!R\, ,\, \text{und} \int_0^{2\pi} |f(t)|^2 dt < \infty\}\, ,$$

wobei wir in diesem Kontext wie üblich zwei Funktionen als identisch ansehen, wenn sie im Lebesgueschen Sinne fast überall gleich sind. Mit der durch das wie folgt definierte Skalarprodukt $\langle \cdot, \cdot \rangle$,

$$\langle f, g \rangle := \int_0^{2\pi} f(t)\overline{g(t)} dt\, ,\quad f, g \in L_2^{2\pi}\, ,$$

induzierten Norm $\| \cdot \|_2$,

$$\|f\|_2 := \sqrt{\langle f, f \rangle} = \sqrt{\int_0^{2\pi} |f(t)|^2 dt}\, ,\quad f \in L_2^{2\pi}\, ,$$

wird $L_2^{2\pi}$ ein vollständiger normierter linearer Raum über $C\!\!\!\!/\,$, also ein Hilbert-Raum. In diesem Hilbert-Raum ist insbesondere die Cauchy-Schwarzsche Ungleichung gültig,

$$|\langle f, g \rangle| \leq \|f\|_2 \|g\|_2\, ,\quad f, g \in L_2^{2\pi}\, .$$

In jedem Hilbert-Raum oder – allgemeiner – wann immer ein Skalarprodukt auftaucht, spielen sogenannte *orthogonale Funktionensysteme* bezüglich dieses inneren Produkts eine ausgezeichnete Rolle. Im Raum $(L_2^{2\pi}, \langle \cdot, \cdot \rangle)$ sind dies zum Beispiel die trigonometrischen Grundpolynome.

1.2 Fourier-Reihen quadratintegrabler periodischer Funktionen

1.2.2 Satz (Orthogonalität der trigonometrischen Grundpolynome)

Die (komplexen) trigonometrischen Grundpolynome E_k,

$$E_k : \mathbb{R} \to \mathbb{C}$$
$$E_k(x) := e^{ikx} \quad , \quad x \in \mathbb{R} \quad , \quad k \in \mathbb{Z} \quad ,$$

bilden ein orthogonales Funktionensystem bezüglich $\langle \cdot, \cdot \rangle$ in $L_2^{2\pi}$, d.h., es gilt

$$\langle E_j, E_k \rangle = 0 \quad , \quad j \neq k \quad , \quad j, k \in \mathbb{Z} \quad ,$$

sowie darüber hinaus für $j = k$,

$$\langle E_k, E_k \rangle = 2\pi \quad , \quad k \in \mathbb{Z} \quad .$$

Beweis:
Es seien $j, k \in \mathbb{Z}$ beliebig gegeben. Dann gilt:

$$\begin{aligned}
\langle E_k, E_j \rangle &= \int_0^{2\pi} E_k(t) \overline{E_j(t)} dt \\
&= \int_0^{2\pi} e^{i(k-j)t} dt \\
&= \begin{cases} \left[\dfrac{e^{i(k-j)t}}{i(k-j)}\right]_0^{2\pi} = 0 & \text{falls } k \neq j \;, \\ \int_0^{2\pi} 1 \, dt = 2\pi & \text{falls } k = j \;. \end{cases}
\end{aligned}$$

$\square$

1.2.3 Aufgabe

Zeigen Sie, daß der obige Satz die bekannten Orthogonalitätsbeziehungen für die *reellen* trigonometrischen Grundpolynome 1, $\cos(kx)$ und $\sin(kx)$, $k \in \mathbb{N}$, als Spezialfälle enthält.

Mit Hilfe des orthogonalen Funktionensystems $\{E_k \mid k \in \mathbb{Z}\}$ können wir nun die sogenannten *Fourier-Koeffizienten* c_k,

$$c_k(f) := \frac{1}{2\pi} \langle f, E_k \rangle = \frac{1}{2\pi} \int_0^{2\pi} f(t) e^{-ikt} dt ,$$

für alle $k \in \mathbb{Z}$ und $f \in L_1^{2\pi}$ einführen, sowie die zugehörige n-te *Fourier-Summe* (oder den n-ten *Fourier-Projektor*) F_n,

$$F_n : L_1^{2\pi} \to \mathcal{T}_n ,$$

$$F_n f(x) := \sum_{k=-n}^{n} \frac{1}{2\pi} \langle f, E_k \rangle E_k(x) = \sum_{k=-n}^{n} c_k(f) e^{ikx} , \quad x \in \mathbb{R} ,$$

für alle $n \in \mathbb{N}_o$ definieren. Hierbei bezeichnet $\mathcal{T}_n$ den Raum aller 2π-periodischen komplexen trigonometrischen Polynome vom Höchstgrad n, also

$$\mathcal{T}_n := \left\{ p : \mathbb{R} \to \mathbb{C} \,\middle|\, p = \sum_{k=-n}^{n} a_k E_k , \quad a_k \in \mathbb{C} , \quad -n \leq k \leq n \right\} .$$

In den folgenden beiden Aufgaben halten wir zunächst einige einfach zu verifizierende Eigenschaften der Fourier-Koeffizienten und der Fourier-Summen fest.

1.2.4 Aufgabe

Zeigen Sie:

1. $c_k(\alpha f + \beta g) = \alpha c_k(f) + \beta c_k(g)$, $\alpha, \beta \in \mathbb{C}$, $f, g \in L_1^{2\pi}$, $k \in \mathbb{Z}$,

2. $\overline{c_k(f)} = c_{-k}(\bar{f})$, $f \in L_1^{2\pi}$, $k \in \mathbb{Z}$,

3. $c_k(\operatorname{Re} f) = \frac{1}{2} \left(c_k(f) + \overline{c_{-k}(f)} \right)$, $f \in L_1^{2\pi}$, $k \in \mathbb{Z}$,

4. $c_k(\operatorname{Im} f) = \frac{1}{2i} \left(c_k(f) - \overline{c_{-k}(f)} \right)$, $f \in L_1^{2\pi}$, $k \in \mathbb{Z}$,

5. $\operatorname{Re}(c_k(f)) = \frac{1}{2\pi} \int_0^{2\pi} \operatorname{Re} f(t) \cos kt \, dt + \frac{1}{2\pi} \int_0^{2\pi} \operatorname{Im} f(t) \sin kt \, dt$,
   $f \in L_1^{2\pi}$, $k \in \mathbb{Z}$,

6. $\operatorname{Im}(c_k(f)) = -\frac{1}{2\pi} \int_0^{2\pi} \operatorname{Re} f(t) \sin kt \, dt + \frac{1}{2\pi} \int_0^{2\pi} \operatorname{Im} f(t) \cos kt \, dt$,
   $f \in L_1^{2\pi}$, $k \in \mathbb{Z}$,

7. Für $f \in L_1^{2\pi}$ folgt aus $c_k(f) = 0$, $k \in \mathbb{Z}$, sofort
   $c_k(\operatorname{Re} f) = c_k(\operatorname{Im} f) = 0$, $k \in \mathbb{Z}$.

1.2.5 Aufgabe

Zeigen Sie:

1. $F_n(\alpha f + \beta g)(x) = \alpha F_n f(x) + \beta F_n g(x)$, $x \in \mathbb{R}$, $\alpha, \beta \in \mathbb{C}$, $f, g \in L_1^{2\pi}$, $n \in \mathbb{N}_o$,

2. $\overline{F_n f(x)} = F_n \bar{f}(x)$, $x \in \mathbb{R}$, $f \in L_1^{2\pi}$, $n \in \mathbb{N}_o$,

3. $F_n(\text{Re } f)(x) = \text{Re}(F_n f(x))$, $x \in \mathbb{R}$, $f \in L_1^{2\pi}$, $n \in \mathbb{N}_o$,

4. $F_n(\text{Im } f)(x) = \text{Im}(F_n f(x))$, $x \in \mathbb{R}$, $f \in L_1^{2\pi}$, $n \in \mathbb{N}_o$.

Da $F_n 0 = 0$ gilt, folgt aus dem dritten und vierten Teil der letzten Aufgabe insbesondere, daß die Fourier-Summen rein reellwertiger Funktionen erwartungsgemäß auch wieder rein reell sind. Wir veranschaulichen uns diesen Sachverhalt anhand von zwei konkreten Aufgaben.

1.2.6 Aufgabe

Gegeben sei die Funktion f,

$$f(x) := \begin{cases} 0 & \text{für } x \equiv 0 \pmod{2\pi} , \\ \frac{1}{2}(\pi - x) & \text{für } x \in (0, 2\pi) \pmod{2\pi} . \end{cases}$$

(a) Berechnen Sie die Fourier-Koeffizienten $c_k(f)$, $k \in \mathbb{Z}$, von f.

(b) Berechnen Sie die Fourier-Summen $F_n f$, $n \in \mathbb{N}_o$, von f.

(c) Skizzieren Sie $F_4 f$, $F_5 f$, $F_6 f$ und $F_7 f$.

1.2.7 Aufgabe

Gegeben sei die Funktion f,

$$f(x) = \begin{cases} 1 & \text{für } x \in (0, \pi) \pmod{2\pi} , \\ 0 & \text{für } x \equiv 0 \pmod{\pi} , \\ -1 & \text{für } x \in (\pi, 2\pi) \pmod{2\pi} . \end{cases}$$

(a) Berechnen Sie die Fourier-Koeffizienten $c_k(f)$, $k \in \mathbb{Z}$, von f.

(b) Berechnen Sie die Fourier-Summen $F_n f$, $n \in \mathbb{N}_o$, von f.

(c) Skizzieren Sie $F_5 f$, $F_7 f$ und $F_9 f$.

Nachdem wir nun – rein formal – Fourier-Koeffizienten und Fourier-Summen ausrechnen können, stellt sich natürlich so langsam die Frage, warum man sie gerade so und nicht anders definiert hat. Wieso liefern die Fourier-Summen einen "guten Ersatz" für die gegebene Ausgangsinformation bzw. Ausgangsfunktion im jeweiligen trigonometrischen Polynomraum? Die Antwort auf diese Frage liefert der Satz über die Bestapproximationseigenschaft der Fourier-Summen im Hilbert-Raum $L_2^{2\pi} \subset L_1^{2\pi}$, den wir im folgenden zusammen mit zwei weiteren Sätzen beweisen werden.

1.2.8 Satz (Projektionseigenschaft der Fourier-Summen)

Es sei $n \in I\!N_o$ beliebig gegeben. Die Abbildung $F_n : L_1^{2\pi} \to \mathcal{T}_n$ ist eine Projektion von $L_1^{2\pi}$ auf $\mathcal{T}_n$, d.h., sie ist linear und idempotent.

Beweis:
Die Linearität von F_n folgt unmittelbar aus der Linearität des Integrals und wurde bereits in Aufgabe 1.2.5 (1.) nachgewiesen. Die Idempotenz von F_n, d.h. die Gültigkeit der Identität

$$F_n f = F_n(F_n f) \quad , \quad f \in L_1^{2\pi} \quad ,$$

folgt wegen der Linearität von F_n aus den für $-n \leq r \leq n$ geltenden Beziehungen

$$\begin{aligned} F_n E_r &= \sum_{k=-n}^{n} c_k(E_r) E_k \\ &= \sum_{k=-n}^{n} \frac{1}{2\pi} \langle E_r, E_k \rangle E_k \\ &= \sum_{k=-n}^{n} \frac{1}{2\pi} 2\pi \delta_{rk} E_k \\ &= E_r \quad . \end{aligned}$$

Denn damit gilt offenbar

$$F_n p = p \ , \quad p \in \mathcal{T}_n \ ,$$

und somit wegen $F_n(L_1^{2\pi}) \subset \mathcal{T}_n$ insbesondere $F_n(F_n f) = F_n f$, $f \in L_1^{2\pi}$. □

1.2 Fourier-Reihen quadratintegrabler periodischer Funktionen

1.2.9 Satz (Bestapproximationseigenschaft der Fourier-Summen)

Es seien $n \in \mathbb{N}_o$ und $f \in L_2^{2\pi}$ beliebig gegeben. Dann ist $F_n f$ das $L_2^{2\pi}$-Proximum aus $\mathcal{T}_n$ an f, d.h., es gilt

$$\|f - F_n f\|_2 = \min\{\|f - p_n\|_2 \mid p_n \in \mathcal{T}_n\} \ .$$

Beweis:
Es sei $p_n \in \mathcal{T}_n$,

$$p_n = \sum_{k=-n}^{n} a_k E_k \ ,$$

beliebig gegeben. Dann gilt für $f \in L_2^{2\pi}$:

$$\begin{aligned}
\|f - p_n\|_2^2 &= \langle f - p_n, f - p_n \rangle \\
&= \langle f, f \rangle - \left\langle f, \sum_{k=-n}^{n} a_k E_k \right\rangle - \left\langle \sum_{k=-n}^{n} a_k E_k, f \right\rangle + \left\langle \sum_{k=-n}^{n} a_k E_k, \sum_{k=-n}^{n} a_k E_k \right\rangle \\
&= \|f\|_2^2 - \sum_{k=-n}^{n} \bar{a}_k \langle f, E_k \rangle - \sum_{k=-n}^{n} a_k \langle E_k, f \rangle + \sum_{k=-n}^{n} \sum_{j=-n}^{n} a_k \bar{a}_j \langle E_k, E_j \rangle \ .
\end{aligned}$$

Nutzt man nun aus, daß

$$2\pi c_k(f) = \langle f, E_k \rangle = \overline{\langle E_k, f \rangle}$$

gilt, so erhält man weiter

$$\begin{aligned}
\|f - p_n\|_2^2 &= \|f\|_2^2 - 2\pi \left(\sum_{k=-n}^{n} \bar{a}_k c_k(f) + \sum_{k=-n}^{n} a_k \overline{c_k(f)} - \sum_{k=-n}^{n} a_k \bar{a}_k \right) \\
&= \|f\|_2^2 - 2\pi \sum_{k=-n}^{n} c_k(f) \overline{c_k(f)} + 2\pi \sum_{k=-n}^{n} (c_k(f) - a_k) \overline{(c_k(f) - a_k)} \\
&= \|f\|_2^2 - 2\pi \sum_{k=-n}^{n} |c_k(f)|^2 + 2\pi \sum_{k=-n}^{n} |c_k(f) - a_k|^2 \ .
\end{aligned}$$

Also wird $\|f - p_n\|_2$ genau dann minimal, wenn $c_k(f) = a_k$, $-n \leq k \leq n$, gilt, d.h., $p_n = F_n f$ ist. □

1.2.10 Satz (Besselsche Ungleichung)

Es seien $n \in I\!N_o$ und $f \in L_2^{2\pi}$ beliebig gegeben. Dann genügt $F_n f$ der sogenannten Besselschen Ungleichung, d.h., es gilt

$$\|F_n f\|_2^2 \leq \|f\|_2^2 \ .$$

Beweis:

Aus dem Beweis des vorausgegangenen Satzes folgt sofort für $p_n = F_n f$,

$$2\pi \sum_{k=-n}^{n} |c_k(f)|^2 \leq \|f\|_2^2 \ ,$$

bzw. wegen

$$\|F_n f\|_2^2 = \left\langle \sum_{k=-n}^{n} c_k(f) E_k \ , \ \sum_{k=-n}^{n} c_k(f) E_k \right\rangle = 2\pi \sum_{k=-n}^{n} c_k(f) \overline{c_k(f)}$$
$$= 2\pi \sum_{k=-n}^{n} |c_k(f)|^2$$

auch $\|F_n f\|_2^2 \leq \|f\|_2^2$, also die Besselsche Ungleichung. □

Nachdem die wesentlichen Eigenschaften der Fourier-Koeffizienten $c_k(f)$, $k \in \mathbb{Z}$, und der Fourier-Summen F_n, $n \in I\!N_o$, im Rahmen der obigen Sätze und Aufgaben hergeleitet und veranschaulicht worden sind, stellt sich nun natürlich die Frage, welche Aussagen man bezüglich den $f \in L_1^{2\pi}$ zunächst völlig formal zugeordneten *Fourier-Reihen* Ff,

$$Ff := \sum_{k=-\infty}^{\infty} c_k(f) E_k \ ,$$

machen kann. Wir werden in diesem Abschnitt zeigen, daß die obige formale Definition von Ff für $f \in L_2^{2\pi}$ im Sinne der $L_2^{2\pi}$-*Konvergenz* berechtigt ist, d.h. konkret, daß wir nachweisen werden, daß für alle $f \in L_2^{2\pi}$

$$\lim_{n \to \infty} \|f - F_n f\|_2 = 0$$

gilt. Die obige $L_2^{2\pi}$-Konvergenzaussage für Fourier-Reihen bedeutet implizit, daß der Raum der komplexen trigonometrischen Polynome $\mathcal{T}$,

$$\mathcal{T} := \bigcup_{n=o}^{\infty} \mathcal{T}_n \ ,$$

dicht in $(L_2^{2\pi}, \langle \cdot, \cdot \rangle)$ ist, d.h. für alle $f \in L_2^{2\pi}$ und alle $\epsilon > 0$ ein $p \in \mathcal{T}$ existiert mit

$$\|f - p\|_2 < \epsilon \ .$$

Wir werden im folgenden die $L_2^{2\pi}$-Konvergenz der Fourier-Reihe nicht unter Rückgriff auf den Weierstraßschen Approximationssatz, sondern elementar beweisen. Dazu bedarf es zunächst des Nachweises der *Vollständigkeit* von $\{E_k \mid k \in \mathbb{Z}\}$.

1.2 Fourier-Reihen quadratintegrabler periodischer Funktionen

1.2.11 Satz (Vollständigkeitseigenschaft der E_k, $k \in \mathbb{Z}$)

Das System $\{E_k \mid k \in \mathbb{Z}\}$ der trigonometrischen Grundpolynome ist vollständig, d.h. für $f \in L_1^{2\pi}$ folgt aus

$$c_k(f) = 0 \,, \quad k \in \mathbb{Z} \,,$$

daß $f(x) = 0$ für fast alle $x \in \mathbb{R}$ gilt.

Beweis:
Wir setzen zunächst folgende "Stammfunktion" für f an:

$$F(x) := \int_0^x f(t)dt - \frac{1}{2\pi}\int_0^{2\pi}\left(\int_0^\xi f(t)dt\right)d\xi \,.$$

Mittels partieller Integration folgt dann für $k \in \mathbb{Z} \setminus \{0\}$:

$$\begin{aligned}
c_k(f) &= \frac{1}{2\pi}\int_0^{2\pi} f(t)e^{-ikt}dt \\
&= \frac{1}{2\pi}\left[F(t)e^{-ikt}\right]_0^{2\pi} + \frac{1}{2\pi}\int_0^{2\pi} F(t)(ik)e^{-ikt}dt \\
&= \frac{1}{2\pi}(F(2\pi) - F(0)) + (ik)c_k(F) \\
&= \frac{1}{2\pi}c_o(f) + (ik)c_k(F) \,.
\end{aligned}$$

Wegen $c_k(f) = 0$, $k \in \mathbb{Z}$, gilt also $c_k(F) = 0$, $k \in \mathbb{Z} \setminus \{0\}$. Weiter ergibt sich für $k = 0$ aufgrund der speziellen Wahl von F :

$$\begin{aligned}
c_o(F) &= \frac{1}{2\pi}\int_0^{2\pi} F(x)dx \\
&= \frac{1}{2\pi}\int_0^{2\pi}\left(\int_0^x f(t)dt - \frac{1}{2\pi}\int_0^{2\pi}\left(\int_0^\xi f(t)dt\right)d\xi\right)dx \\
&= \frac{1}{2\pi}\int_0^{2\pi}\int_0^x f(t)dt\,dx - \frac{1}{2\pi}\int_0^{2\pi}\int_0^\xi f(t)dt\,d\xi = 0 \,.
\end{aligned}$$

Wegen $F(x + 2\pi) = F(x) + \int_x^{x+2\pi} f(t)\,dt = F(x) + c_o(f) = F(x)$ ist F ferner 2π-periodisch und als "Stammfunktion" einer $L_1^{2\pi}$-Funktion auch absolut stetig.

Insgesamt folgt also, daß F eine absolut stetige 2π-periodische Funktion ist, deren Fourier-Koeffizienten alle verschwinden, d.h., für die $c_k(F) = 0$, $k \in \mathbb{Z}$, gilt. Wir zeigen im folgenden, daß daraus notwendigerweise folgt, daß F auf $[0, 2\pi)$ (und damit auf $\mathbb{R}$) identisch verschwindet, d.h. $F(x) = 0$, $x \in [0, 2\pi)$, gilt. Da aufgrund des Lebesgueschen Differentiationssatzes aber fast überall $F'(x) = f(x)$ gilt, folgt daraus dann wie behauptet $f(x) = 0$ für fast alle $x \in [0, 2\pi)$ bzw. fast alle $x \in \mathbb{R}$.

Es gelte also $c_k(F) = 0$, $k \in \mathbb{Z}$. Wir führen den Beweis indirekt und nehmen an, daß F auf $[0, 2\pi)$ nicht identisch verschwindet, d.h., es gibt einen Punkt $x_o \in (0, 2\pi)$ mit Re $F(x_o) \neq 0$ oder Im $F(x_o) \neq 0$. Da $c_k(iF) = ic_k(F)$ und $c_k(-F) = -c_k(F)$ gilt, können wir o.B.d.A. annehmen, daß Re $F(x_o) = \frac{1}{2}(F(x_o) + \overline{F(x_o)}) =: M > 0$ gilt. Da Re F stetig ist, gibt es ein $\delta \in (0, \pi)$, so daß für alle $x \in (x_o - \delta, x_o + \delta) \subset (0, 2\pi)$ auch noch

$$\text{Re } F(x) > \frac{M}{2}$$

gilt. Führt man nun das Hilfspolynom T ein,

$$T(x) := 1 + \cos(x - x_o) - \cos \delta \ , \quad x \in \mathbb{R} \ ,$$

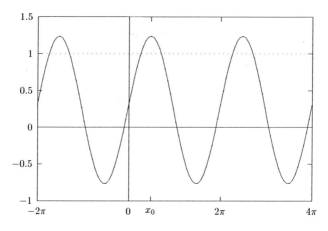

Abbildung 1.1: Skizze von $T(x) = 1 + \cos(x - 1.5) - \cos(0.7)$

so müßte aufgrund der verschwindenden Real- und Imaginärteile der Fourier-Koeffizienten von Re $F = \frac{1}{2}(F + \bar{F})$ (vgl. Aufgabe 1.2.4 (7.)) einerseits für alle $n \in \mathbb{N}$ gelten:

$$0 = \int\limits_o^{2\pi} \text{Re } F(t)(T(t))^n dt \ .$$

1.2 Fourier-Reihen quadratintegrabler periodischer Funktionen

(Man beachte, daß wir hier ausgenutzt haben, daß eine komplexe Zahl genau dann gleich Null ist, wenn Real- und Imaginärteil gleich Null sind (angewandt auf $c_k(\operatorname{Re} F)$, $k \in \mathbb{Z}$) sowie die Tatsache, daß $(T(t))^n$ darstellbar ist als

$$(T(t))^n = \sum_{k=o}^{n}(\alpha_k \cos kt + \beta_k \sin kt)$$

mit gewissen $\alpha_k, \beta_k \in \mathbb{R}$, $0 \leq k \leq n$, und für die reellwertige Funktion $\operatorname{Re} F$ die Fourier-Koeffizienten $c_k(\operatorname{Re} F)$ gemäß Aufgabe 1.2.4 (5. und 6.) genau dann verschwinden, wenn

$$\int_o^{2\pi} \operatorname{Re} F(t) \cos kt \, dt = \int_o^{2\pi} \operatorname{Re} F(t) \sin kt \, dt = 0 \ , \quad k \in \mathbb{N}_o \ ,$$

gilt.)

Andererseits erhalten wir jedoch

$$\int_o^{2\pi} \operatorname{Re} F(t)(T(t))^n dt = \int_o^{x_o-\delta} \operatorname{Re} F(t)(T(t))^n dt + \int_{x_o+\delta}^{2\pi} \operatorname{Re} F(t)(T(t))^n dt$$
$$+ \int_{x_o-\delta}^{x_o+\delta} \operatorname{Re} F(t)(T(t))^n dt \ .$$

Während die ersten beiden Summanden wegen

$$|T(t)| \leq 1 \ , \ t \in [0, 2\pi] \setminus [x_o - \delta, x_o + \delta] \ ,$$

für $n \in \mathbb{N}$ gleichmäßig beschränkt sind, gilt für den dritten aufgrund der speziellen Wahl von T:

$$\int_{x_o-\delta}^{x_o+\delta} \operatorname{Re} F(t)(T(t))^n dt \geq \int_{x_o-\frac{\delta}{2}}^{x_o+\frac{\delta}{2}} \frac{M}{2}(T(t))^n dt$$

$$\geq \delta \frac{M}{2}(1 + \cos \frac{\delta}{2} - \cos \delta)^n$$

$$\to \infty \ (n \to \infty) \ .$$

Insgesamt erhalten wir damit

$$\limsup_{n \to \infty} \int_o^{2\pi} \operatorname{Re} F(t)(T(t))^n dt = \infty \ ,$$

also den gewünschten Widerspruch.

□

Der obige Satz sagt implizit aus, daß eine Funktion $f \in L_1^{2\pi}$ durch die Angabe ihrer Fourier-Koeffizienten $c_k(f)$, $k \in \mathbb{Z}$, fast überall eindeutig bestimmt ist. Wir halten dieses wichtige Resultat explizit in Form eines Satzes fest.

1.2.12 Satz (Identitätssatz für Fourier-Koeffizienten)

Es seien $f, g \in L_1^{2\pi}$ zwei Funktionen mit

$$c_k(f) = c_k(g) \quad , \quad k \in \mathbb{Z} \quad .$$

Dann gilt für fast alle $x \in \mathbb{R}$

$$f(x) = g(x) \quad .$$

Beweis:
Betrachte die Differenzfunktion $d := f - g$. Aufgrund der Linearität der Fourier-Koeffizienten gilt für $d \in L_1^{2\pi}$:

$$\begin{aligned} c_k(d) &= c_k(f - g) \\ &= c_k(f) - c_k(g) \\ &= 0 \quad , \quad k \in \mathbb{Z} \quad . \end{aligned}$$

Nach Satz 1.2.11 ist d also fast überall gleich Null, d.h. m.a.W.

$$f(x) = g(x) \quad \text{für fast alle} \quad x \in \mathbb{R} \quad .$$

$\square$

Der obige Satz ist auch wie folgt interpretierbar: Hat man eine beliebige Sequenz komplexer Zahlen c_k, $k \in \mathbb{Z}$, gegeben, von der man weiß, daß sie in Form von Fourier-Koeffizienten generiert wurde, dann gibt es im wesentlichen genau ein $f \in L_1^{2\pi}$ mit

$$c_k(f) = c_k \quad , \quad k \in \mathbb{Z} \quad .$$

Die Frage, die sich damit natürlich stellt, lautet: Wie kann man einer Folge c_k, $k \in \mathbb{Z}$, "ansehen", daß sie als Fourier-Koeffizienten-Folge interpretierbar ist? Unter der Einschränkung, daß wir $f \in L_2^{2\pi}$ fordern, liefert die in Satz 1.2.10 hergeleitete Besselsche Ungleichung zunächst

1.2 Fourier-Reihen quadratintegrabler periodischer Funktionen

$$\sum_{k=-\infty}^{\infty} |c_k(f)|^2 = \lim_{n\to\infty} \sum_{k=-n}^{n} |c_k(f)|^2$$

$$= \lim_{n\to\infty} \sum_{k=-n}^{n} c_k(f)\overline{c_k(f)} \frac{1}{2\pi} \langle E_k, E_k \rangle$$

$$= \frac{1}{2\pi} \lim_{n\to\infty} \left\langle \sum_{k=-n}^{n} c_k(f)E_k , \sum_{k=-n}^{n} c_k(f)E_k \right\rangle$$

$$= \frac{1}{2\pi} \lim_{n\to\infty} \|F_n f\|_2^2$$

$$\leq \frac{1}{2\pi} \|f\|_2^2 ,$$

d.h., die Sequenz der Fourier-Koeffizienten $c_k(f)$, $k \in \mathbb{Z}$, ist für $f \in L_2^{2\pi}$ absolut quadratsummierbar. Daß diese Bedingung für eine beliebige Folge c_k, $k \in \mathbb{Z}$, auch hinreicht, um sie als Sequenz von Fourier-Koeffizienten einer Funktion $f \in L_2^{2\pi}$ zu interpretieren, ist Gegenstand des klassischen *Satzes von Riesz-Fischer*.

1.2.13 Satz (Riesz-Fischer-Theorem)

Es sei c_k, $k \in \mathbb{Z}$, eine (zweiseitig unendliche) Folge komplexer Zahlen mit

$$\sum_{k=-\infty}^{\infty} |c_k|^2 < \infty .$$

Dann gibt es eine Funktion $f \in L_2^{2\pi}$ mit

$$c_k = c_k(f) , \quad k \in \mathbb{Z} ,$$

und

$$\lim_{n\to\infty} \|f - \sum_{k=-n}^{n} c_k E_k\|_2 = \lim_{n\to\infty} \|f - F_n f\|_2 = 0 .$$

Beweis:
Es sei t_n, $n \in \mathbb{N}$,

$$t_n(x) := \sum_{k=-n}^{n} c_k E_k(x) , \quad x \in \mathbb{R} ,$$

die durch die Folge c_k, $k \in \mathbb{Z}$, induzierte Folge trigonometrischer Polynome. Wählt man $N \in \mathbb{N}$ beliebig, so gilt für alle $M \in \mathbb{N}$, $M > N$:

$$\|t_M - t_N\|_2^2 = \left\|\sum_{N<|k|\leq M} c_k E_k\right\|_2^2$$

$$= \sum_{N<|k|\leq M} \langle c_k E_k, c_k E_k\rangle$$

$$= \sum_{N<|k|\leq M} c_k \overline{c_k}\, 2\pi$$

$$\leq 2\pi \sum_{N<|k|} |c_k|^2 \;.$$

Da aufgrund der Quadratsummierbarkeit der c_k, $k \in \mathbb{Z}$,

$$\lim_{N\to\infty} \sum_{N<|k|} |c_k|^2 = 0$$

gilt, ist t_n, $n \in \mathbb{N}$, eine Cauchy-Folge in $L_2^{2\pi}$ bezüglich der $\|\cdot\|_2$-Norm. Aufgrund der Vollständigkeit von $L_2^{2\pi}$ existiert also ein $f \in L_2^{2\pi}$ mit

$$\lim_{n\to\infty} \|f - t_n\|_2 = \lim_{n\to\infty} \left\|f - \sum_{k=-n}^{n} c_k E_k\right\|_2 = 0 \;.$$

Es bleibt zu zeigen, daß

$$c_k(f) = c_k \;,\quad k \in \mathbb{Z} \;,$$

gilt. Sei dazu $k \in \mathbb{Z}$ beliebig und $n \geq |k|$ gewählt. Dann gilt unter Ausnutzung der Cauchy-Schwarzschen Ungleichung:

$$|c_k(f) - c_k| = \left|\frac{1}{2\pi}\langle f, E_k\rangle - c_k\right|$$

$$\leq \frac{1}{2\pi}|\langle f - t_n, E_k\rangle| + \underbrace{\left|\frac{1}{2\pi}\langle t_n, E_k\rangle - c_k\right|}_{=0}$$

$$\leq \frac{1}{2\pi}\|f - t_n\|_2 \|E_k\|_2 \;.$$

Für $n \to \infty$ geht $\|f - t_n\|_2$ – wie bereits nachgewiesen – gegen Null, so daß insgesamt wie behauptet gilt:

$$c_k(f) = c_k \;,\quad k \in \mathbb{Z} \;.$$

□

Wir sind nun in der Lage den zentralen Satz dieses Abschnitts zu beweisen, den sogenannten Konvergenzsatz für Fourier-Reihen in $(L_2^{2\pi}, \|\cdot\|_2)$.

1.2 Fourier-Reihen quadratintegrabler periodischer Funktionen   17

1.2.14 Satz ($L_2^{2\pi}$-Konvergenzsatz, Parsevalsche Gleichung)

Es sei $f \in L_2^{2\pi}$ beliebig gegeben. Dann gilt

$$\lim_{n \to \infty} \|f - F_n f\|_2 = 0 \ .$$

Darüber hinaus gilt die sogenannte Parsevalsche Gleichung

$$\|f\|_2^2 = 2\pi \sum_{k=-\infty}^{\infty} |c_k(f)|^2 \ .$$

Beweis:
Wegen

$$\|f - F_n f\|_2^2 = \langle f - F_n f, f - F_n f \rangle$$

$$= \langle f, f \rangle - \left\langle f, \sum_{k=-n}^{n} c_k(f) E_k \right\rangle - \left\langle \sum_{k=-n}^{n} c_k(f) E_k, f \right\rangle + \left\langle \sum_{k=-n}^{n} c_k(f) E_k, \sum_{k=-n}^{n} c_k(f) E_k \right\rangle$$

$$= \|f\|_2^2 - \sum_{k=-n}^{n} \overline{c_k(f)} \langle f, E_k \rangle - \sum_{k=-n}^{n} c_k(f) \langle E_k, f \rangle + \sum_{k=-n}^{n} c_k(f) \overline{c_k(f)} \langle E_k, E_k \rangle$$

$$= \|f\|_2^2 - 2\pi \sum_{k=-n}^{n} |c_k(f)|^2 - 2\pi \sum_{k=-n}^{n} |c_k(f)|^2 + 2\pi \sum_{k=-n}^{n} |c_k(f)|^2$$

$$= \|f\|_2^2 - 2\pi \sum_{k=-n}^{n} |c_k(f)|^2$$

folgt die Parsevalsche Gleichung aus

$$\lim_{n \to \infty} \|f - F_n f\|_2 = 0 \ ;$$

wir haben also lediglich die $L_2^{2\pi}$-Konvergenz der Fourier-Reihe zu zeigen. Dies geschieht wie folgt:
Da $f \in L_2^{2\pi}$ ist, wissen wir bereits über die Besselsche Ungleichung, daß die Folge $c_k(f)$, $k \in \mathbb{Z}$, absolut quadratsummierbar ist, d.h., es gilt

$$\sum_{k=-\infty}^{\infty} |c_k(f)|^2 < \infty \ .$$

Das zuvor bewiesene Riesz-Fischer-Theorem 1.2.13 sichert damit die Existenz einer Funktion $g \in L_2^{2\pi}$ mit

$$c_k(f) = c_k(g) \ , \quad k \in \mathbb{Z} \ ,$$

und

$$\lim_{n \to \infty} \left\| g - \sum_{k=-n}^{n} c_k(f) E_k \right\|_2 = \lim_{n \to \infty} \|g - F_n f\|_2 = 0 \ .$$

Aufgrund der Tatsache, daß $f, g \in L_2^{2\pi} \subset L_1^{2\pi}$ identische Fourier-Koeffizienten haben, gilt schließlich mit dem Identitätssatz 1.2.12

$$f(x) = g(x) \quad , \quad \text{für fast alle} \quad x \in I\!R \quad ,$$

bzw.

$$(f - g)(x) = 0 \quad , \quad \text{für fast alle} \quad x \in I\!R \quad .$$

Insgesamt erhalten wir wie behauptet

$$\lim_{n \to \infty} \|f - F_n f\|_2 \leq \lim_{n \to \infty} (\|f - g\|_2 + \|g - F_n f\|_2)$$
$$= \|f - g\|_2 + \lim_{n \to \infty} \|g - F_n f\|_2$$
$$= 0 \quad ,$$

also

$$\lim_{n \to \infty} \|f - F_n f\|_2 = 0 \quad .$$

□

Führt man mit l_2 ,

$$l_2 := \left\{ (c_k)_{k \in \mathbb{Z}} \;\middle|\; c_k \in \mathbb{C} \;,\; k \in \mathbb{Z} \;,\; \text{und} \; \sum_{k=-\infty}^{\infty} |c_k|^2 < \infty \right\} \quad ,$$

sowie

$$((c_k)_{k \in \mathbb{Z}} \,,\, (d_k)_{k \in \mathbb{Z}}) := \sum_{k=-\infty}^{\infty} c_k \bar{d}_k \quad , \quad (c_k)_{k \in \mathbb{Z}} \,,\, (d_k)_{k \in \mathbb{Z}} \in l_2 \quad ,$$
$$|(c_k)_{k \in \mathbb{Z}}|_2 := \sqrt{((c_k)_{k \in \mathbb{Z}}, (c_k)_{k \in \mathbb{Z}})} \quad , \quad (c_k)_{k \in \mathbb{Z}} \in l_2 \quad ,$$

den Hilbert-Raum $(l_2, (\cdot, \cdot))$ der komplexen beidseitig unendlichen absolut quadratsummierbaren Folgen ein, so lassen sich die bisherigen Ergebnisse in folgender kompakter Form zusammenfassen.

1.2 Fourier-Reihen quadratintegrabler periodischer Funktionen   19

1.2.15 Satz (Isomorphiesatz für die Fourier-Koeffizienten)

Die Abbildung c ,

$$c: L_2^{2\pi} \to l_2 ,$$
$$f \mapsto (c_k(f))_{k \in \mathbb{Z}} ,$$

ist ein Hilbert-Raum-Isomorphismus zwischen den Hilbert-Räumen $(L_2^{2\pi}, \langle \cdot, \cdot \rangle)$ *und* $(l_2, \langle \cdot, \cdot \rangle)$.

Beweis:
Die Linearität von c folgt aus der Linearität der Fourier-Koeffizienten-Funktionale c_k, $k \in \mathbb{Z}$, sowie der linearen Struktur der Hilbert-Räume $L_2^{2\pi}$ und l_2. Die Wohldefiniertheit von c ist eine Konsequenz der Besselschen Ungleichung bzw. Parsevalschen Gleichung. Die Injektivität von c im $L_2^{2\pi}$-Sinne ($f = g$ falls $f(x) = g(x)$ für fast alle $x \in \mathbb{R}$) folgt schließlich aus dem Identitätssatz 1.2.12 und die Surjektivität aus dem Riesz-Fischer-Theorem 1.2.13.

□

Wir beenden diesen Abschnitt mit einer Bemerkung über die Konsequenzen, die unsere bisherigen $L_2^{2\pi}$-spezifischen Ergebnisse in Hinblick auf lokale Konvergenzeigenschaften der Fourier-Reihe haben.

1.2.16 Bemerkung (Konvergenz der Fourier-Reihe)

Aus der Lebesgueschen Integrationstheorie ist bekannt, daß die $L_2^{2\pi}$-Konvergenz einer Funktionenfolge impliziert, daß eine punktweise fast überall konvergierende Teilfolge existiert. Im vorliegenden Fall bedeutet dies nach Satz 1.2.14, daß für alle $f \in L_2^{2\pi}$ eine Teilfolge $F_{n_k} f$, $k \in \mathbb{N}$, von $F_n f$, $n \in \mathbb{N}$, mit

$$\lim_{k \to \infty} F_{n_k} f(x) = f(x) , \text{ für fast alle } x \in \mathbb{R} ,$$

existiert. Im Jahre 1915 stellte N.N. Lusin die Frage, inwieweit der Übergang zu einer Teilfolge beim obigen Schluß notwendig ist, d.h., konkret: Gilt für alle $f \in L_2^{2\pi}$ fast überall

$$\lim_{n \to \infty} F_n f(x) = f(x) \ ?$$

Es dauerte rund 50 Jahre bis L. Carleson in einer aufsehenerregenden Arbeit [3] Lusins Frage positiv beantworten konnte. Die positive Antwort auf diese Frage ist alles andere als selbstverständlich, wenn man sich z.B. das von Kolmogoroff [9] bereits 1925 angegebene negative $L_1^{2\pi}$-Resultat vor Augen führt: Es gibt Funktionen $f \in L_1^{2\pi}$, deren Fourier-Reihe für <u>kein</u> $x \in \mathbb{R}$ gegen $f(x)$ konvergiert. Leider können wir auf diese tiefliegenden Resultate im Rahmen dieses Buches nicht näher eingehen und müssen in diesem Zusammenhang auf die Originalliteratur verweisen.

1.3 Fourier-Reihen stetiger periodischer Funktionen – Das lokale Konvergenzproblem –

Wie bereits in Bemerkung 1.2.16 angeklungen, gehört die Untersuchung des lokalen Konvergenzverhaltens von Fourier-Reihen zu den interessantesten, aber auch schwierigsten Gegenständen der klassischen harmonischen Analysis. Wir werden uns daher im vorliegenden Abschnitt primär auf den Fall stetiger Funktionen beschränken und in diesem Kontext zwei Resultate herleiten. Zunächst werden wir zeigen, daß es stetige 2π-periodische Funktionen gibt, deren Fourier-Reihe <u>nicht</u> für alle $x \in I\!R$ konvergiert. Im zweiten Teil werden wir eine hinreichende lokale Bedingung angeben, die sogenannte Dini-Bedingung, die – nicht nur für stetige Funktionen f – sichert, daß an einer <u>festen</u> Stelle $x \in I\!R$ die Fourier-Summen $F_n f(x)$ gegen $f(x)$ konvergieren.

Wir beginnen mit einigen vorbereitenden Definitionen und Sätzen, die zunächst etwas unmotiviert erscheinen, später jedoch die entscheidenden Hilfsmittel sein werden. Im folgenden sei $(B, \|\cdot\|)$ stets ein Banach-Raum über $\mathcal{C}$, d.h., B ist ein linearer Raum über dem Skalarkörper $\mathcal{C}$, der bezüglich der Norm $\|\cdot\|$ vollständig ist, in dem also jede Cauchy-Folge bzgl. $\|\cdot\|$ konvergiert.

1.3.1 Satz (Bairesches Theorem)

Läßt sich ein Banach-Raum $(B, \|\cdot\|)$ als Vereinigung abzählbar vieler abgeschlossener Mengen darstellen, so muß mindestens eine der abgeschlossenen Mengen eine abgeschlossene Kugel enthalten.

Beweis: (indirekt)
Wir nehmen an, daß die Aussage des Satzes falsch ist, d.h., daß es o.B.d.A. abzählbar *unendlich* viele abgeschlossene Mengen $A_n \subset B$, $n \in I\!N$, gebe (im Fall *endlich* vieler Mengen setze $A_n = \phi$ für $n \geq n_o$) mit

$$B = \bigcup_{n=1}^{\infty} A_n ,$$

wobei keine der Mengen A_n, $n \in I\!N$, eine abgeschlossene Kugel enthalten möge.
Die Komplementärmengen

$$A_n^c := B \setminus A_n , \quad n \in I\!N ,$$

sind offen und besitzen wegen

$$\bigcap_{n=1}^{\infty} A_n^c = \bigcap_{n=1}^{\infty} B \setminus A_n = B \setminus \bigcup_{n=1}^{\infty} A_n = \phi$$

(Regel von de Morgan) keinen gemeinsamen Punkt.

Da andererseits jede offene Menge A_n^c jede abgeschlossene Kugel schneidet (sonst gäbe es eine abgeschlossene Kugel in A_n), existiert eine Folge abgeschlossener Kugeln $K_n = K(x_n, r_n)$,

$$K(x_n, r_n) := \{x \in B \mid \|x - x_n\| \le r_n\} \ ,$$

für gewisse $x_n \in B$ und $r_n \in \mathbb{R}$, $r_n > 0$, mit den Inklusionseigenschaften

$$K_1 \subset A_1^c \ , \ K_2 \subset K_1 \cap A_2^c \ , \ K_3 \subset K_2 \cap A_3^c \ , \ \ldots \ , \ K_n \subset K_{n-1} \cap K_n^c \ , \ \ldots$$

und $\lim_{n \to \infty} r_n = 0$ (monoton). Damit ist aber die Folge der Kugelmittelpunkte $(x_n)_{n \in \mathbb{N}}$ eine Cauchy-Folge in B , denn für $n \in \mathbb{N}$ beliebig gilt für alle $k, j > n$ wegen $x_k, x_j \in K(x_n, r_n)$

$$\|x_k - x_j\| \le \|x_k - x_n\| + \|x_j - x_n\| \le 2r_n \to 0 \ (n \to \infty) \ .$$

Da B ein Banach-Raum ist, besitzt die Cauchy-Folge $(x_n)_{n \in \mathbb{N}}$ ein Grenzelement $\tilde{x} \in B$. Wegen $x_k \in K_n$, $k \ge n$, und der Abgeschlossenheit von K_n gilt

$$\tilde{x} \in K_n \ , \ n \in \mathbb{N} \ ,$$

und somit insbesondere

$$\tilde{x} \in A_n^c \ , \ n \in \mathbb{N} \ .$$

Daraus folgt aber

$$\tilde{x} \in \bigcap_{n=1}^{\infty} A_n^c \ ,$$

d.h. der gewünschte Widerspruch zu

$$\bigcap_{n=1}^{\infty} A_n^c = \phi \ .$$

□

Wir betrachten nun zwei Banach-Räume $(B_a, \|\cdot\|_a)$ und $(B_b, \|\cdot\|_b)$, zwischen denen ein linearer Operator T ,

$$T : B_a \to B_b$$

1.3 Fourier-Reihen stetiger periodischer Funktionen 23

erklärt sein möge. Wir nennen T einen *beschränkten* linearen Operator, falls es eine Konstante $K \in \mathbb{R}$, $K > 0$, gibt mit

$$\|Tx\|_b \leq K \quad , \quad \text{für alle} \quad x \in B_a \quad \text{mit} \quad \|x\|_a = 1 \quad .$$

In diesem Fall wird die kleinstmögliche dieser Konstanten K als *Operatornorm* von T bezeichnet und mit $\|T\|_{a,b}$ abgekürzt, d.h.

$$\|T\|_{a,b} := \sup\{\|Tx\|_b \mid x \in B_a \, , \, \|x\|_a = 1\} \quad .$$

1.3.2 Aufgabe

Es sei T ein linearer beschränkter Operator zwischen den beiden Banach-Räumen $(B_a, \|\cdot\|_a)$ und $(B_b, \|\cdot\|_b)$. Zeigen Sie, daß gilt:

$$\|T\|_{a,b} = \sup\left\{\frac{\|Tx\|_b}{\|x\|_a} \mid x \in B_a \setminus \{0\} \, , \, \|x\|_a \leq 1\right\}$$

$$= \sup\left\{\frac{\|Tx\|_b}{\|x\|_a} \mid x \in B_a \setminus \{0\}\right\} \quad .$$

Wir können nun den *Satz von Banach-Steinhaus* formulieren, der auch oft als *Prinzip der gleichmäßigen Beschränktheit* in der Literatur zitiert wird und drei unterschiedliche Beschränktheitsbegriffe miteinander verknüpft.

1.3.3 Satz (Banach-Steinhaus-Theorem)

Es sei $(T_n)_{n \in \mathbb{N}}$ *eine Folge linearer beschränkter Operatoren zwischen den Banach-Räumen* $(B_a, \|\cdot\|_a)$ *und* $(B_b, \|\cdot\|_b)$,

$$T_n : B_a \to B_b \quad , \quad n \in \mathbb{N} \quad .$$

Gibt es nun zu jedem Element $x \in B_a$ *eine endliche Schranke* $C(x) > 0$ *mit*

$$\sup_{n \in \mathbb{N}} \|T_n x\|_b \leq C(x) \quad ,$$

so gilt

$$\sup_{n \in \mathbb{N}} \|T_n\|_{a,b} < \infty \quad ,$$

d.h., die Folge der Operatornormen ist gleichmäßig beschränkt.

Beweis:

Wir setzen

$$A_k := \{x \in B_a \mid \sup_{n \in I\!N} \|T_n x\|_b \leq k\} \ .$$

Offenbar sind die Mengen A_k, $k \in I\!N$, abgeschlossen und überdecken ganz B_a,

$$B_a = \bigcup_{k=1}^{n} A_k \ ,$$

letzteres, da jedes $x \in B_a$ wegen $\sup_{n \in I\!N} \|T_n x\|_b \leq C(x) < \infty$ ab einem Index $k_o \in I\!N$ in allen Mengen A_k, $k \geq k_o$, enthalten ist. Aufgrund des Baireschen Theorems 1.3.1 existiert also mindestens eine Menge A_k, die eine abgeschlossene Kugel enthält, d.h.,

$$K := K(\tilde{x}, r) := \{x \in B_a \mid \|x - \tilde{x}\|_a \leq r\} \subset A_k$$

für ein $\tilde{x} \in B_a$ und $r > 0$ erfüllt. Für Elemente $x \in B_a$ mit $\|x\|_a = 1$ gilt nun $\tilde{x} + rx \in K \subset A_k$ und folglich

$$\begin{aligned}
\|T_n x\|_b &= \left\| T_n \left(\frac{\tilde{x} + rx - \tilde{x}}{r} \right) \right\|_b \\
&\leq \frac{1}{r} \|T_n(\tilde{x} + rx)\|_b + \frac{1}{r} \|T_n \tilde{x}\|_b \\
&\leq \frac{2k}{r} \ ,
\end{aligned}$$

letzteres da $\tilde{x}, \tilde{x} + rx \in A_k$. Da die obere Schranke in der letzten Abschätzung weder von $x \in B_a$, $\|x\|_a = 1$, noch von $n \in I\!N$ abhängig ist, folgt insgesamt

$$\begin{aligned}
\sup_{n \in I\!N} \|T_n\|_{a,b} &= \sup_{n \in I\!N} \{\sup\{\|T_n x\|_b \mid x \in B_a \ , \ \|x\|_a = 1\}\} \\
&\leq \frac{2k}{r} < \infty \ ,
\end{aligned}$$

also die Behauptung.

□

Nach diesen vorbereitenden Sätzen kehren wir nun zu unserem eigentlichen Problem zurück, nämlich der Untersuchung des lokalen Konvergenzverhaltens der Fourier-Reihe für stetige 2π-periodische Funktionen. Wir verschaffen uns dazu zunächst eine etwas kompaktere Darstellung der n-ten Fourier-Summe, wobei der sogenannte Dirichlet-Kern eine zentrale Rolle spielen wird.

1.3 Fourier-Reihen stetiger periodischer Funktionen

1.3.4 Satz (Integraldarstellung der Fourier-Summen)

Es sei $f \in L_1^{2\pi}$ beliebig gegeben sowie $n \in I\!N$. Dann gilt

$$F_n f(x) = \frac{1}{2\pi} \int_0^{2\pi} f(t) D_n(x-t) dt \quad, \quad x \in I\!R \quad,$$

wobei D_n,

$$D_n(\xi) := \frac{\sin\frac{2n+1}{2}\xi}{\sin\frac{\xi}{2}} \quad, \quad \xi \in I\!R \quad,$$

den n-ten Dirichlet-Kern bezeichnet.

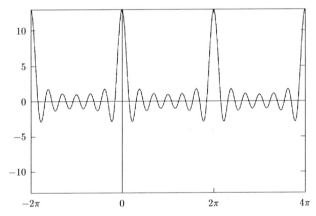

Abbildung 1.2: Skizze von $D_6(x) = \dfrac{\sin(\frac{13}{2}x)}{\sin(\frac{1}{2}x)}$

Beweis:
Zunächst gilt für $f \in L_1^{2\pi}$, $n \in I\!N$ und $x \in I\!R$ beliebig, aufgrund der Linearität des Integrals:

$$\begin{aligned} F_n f(x) &= \sum_{k=-n}^{n} c_k(f) e^{ikx} \\ &= \sum_{k=-n}^{n} \frac{1}{2\pi} \int_0^{2\pi} f(t) e^{-ikt} dt \, e^{ikx} \\ &= \frac{1}{2\pi} \int_0^{2\pi} f(t) \left\{ \sum_{k=-n}^{n} e^{ik(x-t)} \right\} dt \quad . \end{aligned}$$

Die geschlossen anzugebende Funktion lautet also

$$D_n(\xi) := \sum_{k=-n}^{n} e^{ik\xi} \ , \ \xi \in {I\!\!R} \ .$$

Für $\xi \not\equiv 0 \pmod{2\pi}$ ergibt sich mit der geometrischen Summe:

$$\begin{aligned}
D_n(\xi) &= \sum_{k=o}^{2n} e^{i(k-n)\xi} \\
&= e^{-in\xi} \sum_{k=o}^{2n} (e^{i\xi})^k \\
&= e^{-in\xi} \frac{1 - e^{i(2n+1)\xi}}{1 - e^{i\xi}} \\
&= \frac{e^{-i(n+\frac{1}{2})\xi} - e^{i(n+\frac{1}{2})\xi}}{e^{-i\frac{\xi}{2}} - e^{i\frac{\xi}{2}}} \\
&= \frac{\sin \frac{2n+1}{2}\xi}{\sin \frac{\xi}{2}} \ .
\end{aligned}$$

Für $\xi \equiv 0 \pmod{2\pi}$ interpretiert man die Identität wie üblich im de l'Hospitalschen Sinne.

$\square$

Wir betrachten nun die Operatorfolge $(F_n)_{n\in {I\!\!N}}$ auf dem Banach-Raum der stetigen 2π-periodischen komplexwertigen Funktionen $C^{2\pi}$ mit der Maximumnorm $\|\cdot\|_\infty$,

$$\|f\|_\infty := \max\{|f(x)| \mid x \in [0, 2\pi]\} \ , \ f \in C^{2\pi} \ .$$

1.3.5 Satz (Unbeschränktheit der Fourier-Summen-Punktfunktionale)

Es sei $x^* \in {I\!\!R}$ beliebig gegeben. Für die Operatornorm der auf $(C^{2\pi}, \|\cdot\|_\infty)$ beschränkten linearen Fourier-Summen-Punktfunktionale F_{n,x^*} , $n \in {I\!\!N}$,

$$F_{n,x^*}: (C^{2\pi}, \|\cdot\|_\infty) \to ({I\!\!R}, |\cdot|) \ ,$$

$$f \mapsto F_n f(x^*) = \frac{1}{2\pi} \int_o^{2\pi} f(t) D_n(x^* - t) dt \ ,$$

gilt

$$\begin{aligned}
\|F_{n,x^*}\|_{\infty, |\cdot|} &= \frac{1}{2\pi} \int_o^{2\pi} |D_n(t)| dt \\
&\geq \frac{4}{\pi^2} \ln(n+1) \ , \ n \in {I\!\!N} \ ,
\end{aligned}$$

1.3 Fourier-Reihen stetiger periodischer Funktionen

insbesondere also

$$\sup_{n \in \mathbb{N}} \|F_{n,x^*}\|_{\infty,|\cdot|} = \infty \ .$$

Beweis:
Wir beweisen zunächst die Abschätzung

$$\frac{1}{2\pi} \int_0^{2\pi} |D_n(t)| dt \geq \frac{4}{\pi^2} \ln(n+1) \ , \quad n \in \mathbb{N} \ .$$

Wegen $\sin t \leq t$ für alle $t \geq 0$ folgt diese Abschätzung unmittelbar aus

$$\begin{aligned}
\frac{1}{2\pi} \int_0^{2\pi} |D_n(t)| dt &= \frac{1}{\pi} \int_0^{\pi} \left|\frac{\sin \frac{2n+1}{2} t}{\sin \frac{t}{2}}\right| dt \\
&\geq \frac{1}{\pi} \sum_{k=0}^{n-1} \int_{\frac{2k\pi}{2n+1}}^{\frac{2(k+1)\pi}{2n+1}} \left|\frac{\sin \frac{2n+1}{2} t}{\frac{t}{2}}\right| dt \\
&\geq \frac{2}{\pi} \sum_{k=0}^{n-1} \frac{2n+1}{2(k+1)\pi} \int_{k\pi}^{(k+1)\pi} |\sin \tau| \frac{2}{2n+1} d\tau \\
&= \frac{2}{\pi^2} \sum_{k=0}^{n-1} \frac{1}{k+1} \int_0^{\pi} \sin \tau \, d\tau \\
&= \frac{4}{\pi^2} \sum_{k=0}^{n-1} \frac{1}{k+1} \\
&\geq \frac{4}{\pi^2} \sum_{k=0}^{n-1} \int_{k+1}^{k+2} \frac{1}{t} dt \\
&= \frac{4}{\pi^2} \int_1^{n+1} \frac{1}{t} dt \\
&= \frac{4}{\pi^2} \ln(n+1) \ , \quad n \in \mathbb{N} \ .
\end{aligned}$$

Es verbleibt noch der Nachweis der Identität

$$\|F_{n,x^*}\|_{\infty,|\cdot|} = \frac{1}{2\pi} \int_0^{2\pi} |D_n(t)| dt \ .$$

Wegen

$$|F_n f(x^*)| \leq \|f\|_\infty \frac{1}{2\pi} \int_0^{2\pi} |D_n(t)| dt$$

gilt zunächst

$$\|F_{n,x^*}f\|_{\infty,|\cdot|} \leq \frac{1}{2\pi}\int_0^{2\pi}|D_n(t)|dt \ .$$

Mit

$$\tilde{f}(t) := \operatorname{sign} D_n(x^* - t) \ , \quad t \in \mathbb{R} \ ,$$

gilt andererseits jedoch auch

$$|F_n\tilde{f}(x^*)| = \frac{1}{2\pi}\int_0^{2\pi}|D_n(x^* - t)|dt$$
$$= \frac{1}{2\pi}\int_0^{2\pi}|D_n(t)|dt \ ,$$

bzw. mit einer leicht konstruierbaren Folge 2π-periodischer stetiger Funktionen $\tilde{f}_k \in C^{2\pi}$, $k \in \mathbb{N}$, mit

$$\lim_{k\to\infty}\tilde{f}_k(t) = \operatorname{sign} D_n(x^* - t) \ , \quad \text{für fast alle } t \in \mathbb{R} \ ,$$

unter Ausnutzung des Satzes von Lebesgue über die majorisierte Konvergenz

$$\lim_{k\to\infty}|F_n\tilde{f}_k(x^*)| = \left|\lim_{k\to\infty}\frac{1}{2\pi}\int_0^{2\pi}\tilde{f}_k(t)D_n(x^* - t)dt\right|$$
$$= \left|\frac{1}{2\pi}\int_0^{2\pi}\left(\lim_{k\to\infty}\tilde{f}_k(t)\right)D_n(x^* - t)dt\right|$$
$$= \frac{1}{2\pi}\int_0^{2\pi}|D_n(t)|dt \ .$$

Insgesamt ist damit gezeigt, daß wie behauptet

$$\|F_{n,x^*}\|_{\infty,|\cdot|} = \sup\left\{|F_nf(x^*)| \mid f \in C^{2\pi}, \ \|f\|_\infty = 1\right\}$$
$$= \frac{1}{2\pi}\int_0^{2\pi}|D_n(t)|dt$$

gilt.

□

Wir sind nun in der Lage, unser angekündigtes negatives Resultat hinsichtlich der lokalen Konvergenz von Fourier-Reihen stetiger Funktionen zu formulieren.

1.3 Fourier-Reihen stetiger periodischer Funktionen

1.3.6 Satz (Divergenzresultat für Fourier-Reihen)

Zu jeder Stelle $x^* \in \mathbb{R}$ existiert (mindestens) eine Funktion $f \in C^{2\pi}$, deren Fourier-Reihe in x^* divergiert, d.h. für die

$$\sup_{n \in \mathbb{N}} |F_n f(x^*)| = \infty$$

gilt.

Beweis: (indirekt)

Sei $x^* \in \mathbb{R}$ beliebig gewählt. Angenommen, es existiert keine Funktion $f \in C^{2\pi}$ mit

$$\sup_{n \in \mathbb{N}} |F_n f(x^*)| = \infty \ .$$

Dann gibt es zu jedem $f \in C^{2\pi}$ eine endliche Schranke $C(f) > 0$ mit

$$\sup_{n \in \mathbb{N}} |F_n f(x^*)| \leq C(f) \ .$$

Das Banach-Steinhaus-Theorem 1.3.3 angewandt auf die beschränkten linearen Fourier-Summen-Punktfunktionale F_{n,x^*}, $n \in \mathbb{N}$, zwischen den beiden beteiligten Banach-Räumen $(C^{2\pi}, \|\cdot\|_\infty)$ und $(\mathbb{R}, |\cdot|)$ würde notwendigerweise

$$\sup_{n \in \mathbb{N}} \|F_{n,x^*}\|_{\infty,|\cdot|} < \infty$$

implizieren. Dies steht jedoch im Widerspruch zu Satz 1.3.5, d.h., die Annahme war falsch, und es existiert wie behauptet mindestens eine Funktion $f \in C^{2\pi}$ mit

$$\sup_{n \in \mathbb{N}} |F_n f(x^*)| = \infty \ .$$

□

1.3.7 Bemerkung (Konstruktion divergenter Fourier-Reihen)

Der obige Satz sichert lediglich die Existenz von Funktionen $f \in C^{2\pi}$ mit punktweise divergierender Fourier-Reihe, gibt jedoch keine derartige Funktion explizit an. Die an expliziten Beispielen interessierten Leserinnen und Leser seien z.B. auf Torchinsky [17] oder Zygmund [22] verwiesen. Wir haben dem abstrakten funktionalanalytischen Existenzbeweis den Vorzug gegeben, da die konkrete Konstruktion einer lokal nicht Fourier-entwickelbaren Funktion $f \in C^{2\pi}$ ausgesprochen technisch ist.

Nach diesem negativen Resultat bezüglich lokaler Konvergenz von Fourier-Reihen sind wir nun daran interessiert, möglichst schwache (hinreichende) Kriterien anzugeben, die die lokale Konvergenz der Fourier-Reihe sichern. Wir betrachten dazu im folgenden nicht nur stetige, sondern allgemein $L_1^{2\pi}$-Funktionen und beweisen zunächst ein Resultat über die Nullkonvergenz der Fourier-Koeffizienten.

1.3.8 Satz (Riemann-Lebesgue-Theorem)

Es seien $f \in L_1^{2\pi}$ und $[a,b] \subset [0, 2\pi]$ beliebig gegeben. Dann gilt

$$\lim_{|k| \to \infty} \int_a^b f(t) e^{-ikt} dt = 0 \ ,$$

insbesondere also auch

$$\lim_{|k| \to \infty} c_k(f) = 0 \ .$$

Beweis:
Zunächst macht man sich leicht klar, daß mit $f \in L_1^{2\pi}$ auch die Funktion $\tilde{f}$,

$$\tilde{f}(x) := \begin{cases} f(x) & , \ x \in [a,b] \pmod{2\pi} , \\ 0 & , \ x \in [0, 2\pi] \setminus [a,b] \pmod{2\pi} , \end{cases}$$

der Klasse $L_1^{2\pi}$ angehört und

$$c_k(\tilde{f}) = \frac{1}{2\pi} \int_a^b f(t) e^{-ikt} dt$$

erfüllt. Es genügt also, das Intervall $[0, 2\pi]$ zu betrachten und für alle $f \in L_1^{2\pi}$

$$\lim_{|k| \to \infty} c_k(f) = 0$$

nachzuweisen. Im Fall $f \in L_2^{2\pi}$ folgt aus der Besselschen Ungleichung oder der Parsevalschen Gleichung unmittelbar die Nullkonvergenz von $|c_k(f)|^2$ (und damit implizit auch von $c_k(f)$) für $|k| \to \infty$. Sind nun $f \in L_1^{2\pi} \setminus L_2^{2\pi}$ sowie $\epsilon > 0$ beliebig gegeben, so läßt sich f als Summe zweier Funktionen g und h schreiben,

$$f = g + h \ ,$$

mit $g \in L_2^{2\pi}$ und

$$\int_0^{2\pi} |h(t)| dt < 2\pi\epsilon \ .$$

1.3 Fourier-Reihen stetiger periodischer Funktionen

Die Funktionen g und h lassen sich z.B. so festlegen, daß man eine hinreichend große Zahl $M > 0$ wählt und definiert:

$$g(x) := \begin{cases} f(x) & \text{falls } |f(x)| \leq M, \\ 0 & \text{falls } |f(x)| > M, \end{cases}$$

$$h(x) := \begin{cases} 0 & \text{falls } |f(x)| \leq M, \\ f(x) & \text{falls } |f(x)| > M. \end{cases}$$

Man beachte, daß die Möglichkeit, $M > 0$ so groß wählen zu können, daß in der Tat

$$\int_0^{2\pi} |h(t)|dt = \int_{\{x \in [0,2\pi] \mid |f(x)| > M\}} |f(t)|dt < 2\pi\epsilon$$

gilt, eine einfache Konsequenz der bekannten Čebyševschen Ungleichung

$$m(\{x \in [0, 2\pi] \mid |f(x)| > M\}) \leq \frac{1}{M} \int_0^{2\pi} |f(t)|dt$$

sowie der Stetigkeit des Integrals als Funktion des Lebesgue-Maßes m des Trägers der zu integrierenden Funktion ist. Mit der Zerlegung $f = g + h$ folgt nun sofort

$$|c_k(f)| = |c_k(g) + c_k(h)|$$

$$\leq |c_k(g)| + \frac{1}{2\pi} \int_0^{2\pi} |h(t)|dt$$

$$< |c_k(g)| + \epsilon, \quad k \in \mathbb{Z}.$$

Wegen $g \in L_2^{2\pi}$ gilt wieder aufgrund der Besselschen Ungleichung oder der Parsevalschen Gleichung $\lim_{|k| \to \infty} c_k(g) = 0$. Da $\epsilon > 0$ beliebig gewählt war, erhalten wir insgesamt wie behauptet

$$\lim_{|k| \to \infty} c_k(f) = 0.$$

□

1.3.9 Aufgabe

Zeigen Sie, daß für $f \in L_1^{2\pi}$ und $[a,b] \subset [0, 2\pi]$ gilt

$$\lim_{|k| \to \infty} \int_a^b f(t) \cos kt \, dt = 0,$$

$$\lim_{|k| \to \infty} \int_a^b f(t) \sin kt \, dt = 0,$$

insbesondere also auch

$$\lim_{|k|\to\infty} \int_0^{2\pi} f(t)\cos kt\, dt = 0 \ ,$$

$$\lim_{|k|\to\infty} \int_0^{2\pi} f(t)\sin kt\, dt = 0 \ .$$

Als nächstes benötigen wir eine spezielle Darstellung des lokalen Fehlers der n-ten Fourier-Summe.

1.3.10 Satz (Integraldarstellung der Fourier-Summen-Fehler)

Es sei $f \in L_1^{2\pi}$ beliebig gegeben sowie $n \in \mathbb{N}$. Dann gilt

$$F_n f(x) - f(x) = \frac{1}{2\pi} \int_0^\pi (f(x+t) - 2f(x) + f(x-t))D_n(t)dt \ , \quad x \in \mathbb{R} \ ,$$

wobei D_n den n-ten Dirichlet-Kern bezeichne.

Beweis:
Es sei $x \in \mathbb{R}$ beliebig gegeben. Aufgrund von Satz 1.3.4 gilt zunächst

$$\begin{aligned}
F_n f(x) &= \frac{1}{2\pi} \int_0^{2\pi} f(t) D_n(x-t) dt & (D_n \text{ gerade}) \\[6pt]
&= \frac{1}{2\pi} \int_0^{2\pi} f(t) D_n(t-x) dt & (\tau := t - x) \\[6pt]
&= \frac{1}{2\pi} \int_{-x}^{2\pi - x} f(\tau + x) D_n(\tau) d\tau & (f \cdot D_n \ 2\pi\text{-periodisch}) \\[6pt]
&= \frac{1}{2\pi} \int_{-\pi}^{\pi} f(t + x) D_n(t) dt \\[6pt]
&= \frac{1}{2\pi} \int_0^{\pi} f(t + x) D_n(t) dt + \frac{1}{2\pi} \int_{-\pi}^{0} f(t + x) D_n(t) dt \\[6pt]
&= \frac{1}{2\pi} \int_0^{\pi} f(x + t) D_n(t) dt + \frac{1}{2\pi} \int_0^{\pi} f(x - t) D_n(t) dt \ .
\end{aligned}$$

1.3 Fourier-Reihen stetiger periodischer Funktionen

Da ferner

$$\frac{1}{2\pi}\int_0^{2\pi} D_n(t)dt = \frac{1}{2\pi}\int_0^{2\pi} \sum_{k=-n}^{n} e^{ikt} dt$$
$$= 1$$

gilt, also insbesondere

$$f(x) = \frac{1}{2\pi}\int_0^{\pi} 2f(x)D_n(t)dt$$

erfüllt ist, folgt insgesamt wie behauptet

$$F_n f(x) - f(x) = \frac{1}{2\pi}\int_0^{\pi}(f(x+t) - 2f(x) + f(x-t))D_n(t)dt \ .$$

□

Unter Ausnutzung der obigen beiden Sätze sind wir nun in der Lage, die beiden zentralen lokalen Konvergenzresultate zu formulieren, wobei das erste wieder mit dem Namen Riemann verbunden ist.

1.3.11 Satz (Riemannsches Lokalisationsprinzip)

Es seien $f \in L_1^{2\pi}$ und $x \in I\!R$ beliebig gegeben. Genau dann gilt

$$\lim_{n \to \infty} F_n f(x) = f(x) \ ,$$

wenn ein $\delta \in (0, \pi)$ existiert mit

$$\lim_{n \to \infty} \int_0^{\delta} (f(x+t) - 2f(x) + f(x-t))\frac{\sin\left(\frac{2n+1}{2}t\right)}{t}dt = 0 \ .$$

Beweis:
Zur Abkürzung setzen wir zunächst

$$\varphi_x(t) := f(x+t) - 2f(x) + f(x-t) \ , \quad t \in I\!R \ .$$

Wegen

$$D_n(t) = \frac{\sin\frac{2n+1}{2}t}{\sin\frac{t}{2}} \ , \quad t \in I\!R \ ,$$

erhalten wir mit Satz 1.3.10 für alle $\delta \in (0, \pi)$

$F_n f(x) - f(x)$

$$= \frac{1}{2\pi} \int_o^\pi (f(x+t) - 2f(x) + f(x-t))D_n(t)dt$$

$$= \frac{1}{2\pi} \int_o^\pi \varphi_x(t) \frac{\sin \frac{2n+1}{2}t}{\sin \frac{t}{2}} dt$$

$$= \frac{1}{2\pi} \int_o^\delta \varphi_x(t) \frac{\sin \frac{2n+1}{2}t}{\frac{t}{2}} dt + \frac{1}{2\pi} \int_o^\delta \varphi_x(t) \left(\frac{1}{\sin \frac{t}{2}} - \frac{1}{\frac{t}{2}} \right) \sin \left(\frac{2n+1}{2} t \right) dt$$

$$+ \frac{1}{2\pi} \int_\delta^\pi \varphi_x(t) \frac{\sin \frac{2n+1}{2}t}{\sin \frac{t}{2}} dt$$

$$= \frac{1}{\pi} \int_o^\delta \varphi_x(t) \frac{\sin \frac{2n+1}{2}t}{t} dt + \frac{1}{\pi} \int_o^{\frac{\delta}{2}} \varphi_x(2t) \left(\frac{1}{\sin t} - \frac{1}{t} \right) \sin(2n+1)t \, dt$$

$$+ \frac{1}{\pi} \int_{\frac{\delta}{2}}^{\frac{\pi}{2}} \frac{\varphi_x(2t)}{\sin t} \sin(2n+1)t \, dt \ .$$

Da die Funktionen g,

$$g(t) := \begin{cases} \varphi_x(2t) \left(\frac{1}{\sin t} - \frac{1}{t} \right) & , \ t \in (0, \frac{\delta}{2}] \pmod{2\pi} , \\ 0 & , \ \text{sonst} , \end{cases}$$

und h,

$$h(t) := \begin{cases} \frac{\varphi_x(2t)}{\sin t} & , \ t \in [\frac{\delta}{2}, \frac{\pi}{2}] \pmod{2\pi} , \\ 0 & , \ \text{sonst} , \end{cases}$$

aus $L_1^{2\pi}$ sind, liefert das Riemann-Lebesgue-Theorem 1.3.8 bzw. Aufgabe 1.3.9

$$\lim_{n \to \infty} \int_o^{\frac{\delta}{2}} \varphi_x(2t) \left(\frac{1}{\sin t} - \frac{1}{t} \right) \sin(2n+1)t \, dt = 0$$

und

$$\lim_{n \to \infty} \int_{\frac{\delta}{2}}^{\frac{\pi}{2}} \frac{\varphi_x(2t)}{\sin t} \sin(2n+1)t \, dt = 0 \ .$$

1.3 Fourier-Reihen stetiger periodischer Funktionen

Insgesamt gilt also – sofern die Grenzwerte existieren –
$$\lim_{n\to\infty}(F_n f(x) - f(x)) = \lim_{n\to\infty}\frac{1}{\pi}\int_o^\delta \varphi_x(t)\frac{\sin\frac{2n+1}{2}t}{t}dt \ ,$$
d.h. insbesondere die Behauptung des Satzes. □

1.3.12 Satz (Konvergenzsatz von Dini, Dini-Bedingung)

Es seien $f \in L_1^{2\pi}$ und $x \in I\!R$ beliebig gegeben. Dann gilt
$$\lim_{n\to\infty} F_n f(x) = f(x) \ ,$$
falls ein $\delta \in (0, \pi)$ existiert mit
$$\int_o^\delta \frac{|f(x+t) - 2f(x) + f(x-t)|}{t}dt < \infty \ .$$

Beweis:

Wir setzen wieder $\varphi_x(t) := f(x+t) - 2f(x) + f(x-t)$, $t \in I\!R$. Gemäß den Voraussetzungen ist die Funktion g,
$$g(t) := \begin{cases} \dfrac{\varphi_x(2t)}{2t} & , \ t \in (0, \frac{\delta}{2}] \ (\text{mod } 2\pi) \ , \\ 0 & , \ \text{sonst} \ , \end{cases}$$
in $L_1^{2\pi}$. Daraus folgt mit dem Riemann-Lebesgue-Theorem 1.3.8 bzw. Aufgabe 1.3.9
$$\lim_{n\to\infty} \int_o^\delta \varphi_x(t) \frac{\sin\frac{2n+1}{2}t}{t} dt$$
$$= \lim_{n\to\infty} 2 \int_o^{\frac{\delta}{2}} \frac{\varphi_x(2t)}{2t} \sin(2n+1)t \ dt$$
$$= 0 \ .$$

Insgesamt ergibt sich damit die Behauptung unter Ausnutzung des Riemannschen Lokalisationsprinzips 1.3.11.

□

1.3.13 Bemerkung

Beachten Sie, daß das zuerst formulierte Riemannsche Lokalisationsprinzip 1.3.11 zwar eine hinreichende und notwendige Bedingung für die lokale Konvergenz der Fourier-Reihe liefert, i.a. jedoch kaum in der Praxis anwendbar ist, da die im Satz angegebene Äquivalenzbedingung zu schwer verifizierbar ist. Dagegen ist die Dini-Bedingung 1.3.12 zwar nur hinreichend, aber leicht nachprüfbar.

1.4 Fourier-Reihen unstetiger periodischer Funktionen
   – Das Gibbssche Phänomen –

Im vorliegenden Abschnitt beschäftigen wir uns ausschließlich mit Fourier-Reihen unstetiger periodischer Funktionen und zwar – präziser – mit solchen Typen unstetiger Funktionen, die nicht beliebig pathologisch sind, sondern sich an dem orientieren, was in der Praxis häufig vorkommt. Wir beginnen aufbauend auf der Dini-Bedingung mit einem Konvergenzresultat für die betrachtete Klasse unstetiger Funktionen. Daran anschließend werfen wir einen etwas genaueren Blick auf das Konvergenzverhalten der Fourier-Reihe an den Unstetigkeitsstellen und werden in diesem Kontext feststellen, daß die Konvergenzgüte stets ausgesprochen schlecht ist, ein in der Literatur nach Gibbs benanntes Phänomen.

Wir beginnen – um künftig Schreibarbeit zu sparen – mit einer formalen Definition der Klasse der im folgenden zu betrachtenden unstetigen 2π-periodischen Funktionen.

1.4.1 Definition (Der Funktionenraum $RSC_1^{2\pi}$)

Wir nennen eine Funktion f dem Raum der regulären stückweise stetig differenzierbaren 2π-periodischen Funktionen zugehörig (kurz: $f \in RSC_1^{2\pi}$), genau dann, wenn gilt:

1. *$f : \mathbb{R} \to \mathbb{C}$ ist 2π-periodisch,*

2. *f ist auf $[0, 2\pi]$ stückweise mindestens einmal beschränkt stetig differenzierbar, genauer, es gibt höchstens endlich viele Punkte $0 = \xi_o < \xi_1 < \ldots < \xi_n = 2\pi$ sowie ein $M > 0$, so daß f jeweils stetig differenzierbar auf (ξ_i, ξ_{i+1}), $0 \leq i < n$, ist sowie $\max_{0 \leq i < n} \sup\{|f'(x)| \mid x \in (\xi_i, \xi_{i+1})\} \leq M$ gilt,*

3. *an einer Unstetigkeitsstelle $\xi \in \mathbb{R}$ von f gilt*

$$f(\xi) = \frac{1}{2}\left(\lim_{h \to 0+} f(\xi + h) + \lim_{h \to 0+} f(\xi - h)\right)$$
$$=: \frac{1}{2}(f(\xi+) + f(\xi-)) \ ,$$

d.h. ξ ist eine sogenannte reguläre Unstetigkeitsstelle erster Ordnung von f.

Für die oben eingeführte Klasse von Funktionen läßt sich nun folgender lokaler Konvergenzsatz formulieren.

1.4 Fourier-Reihen unstetiger periodischer Funktionen

1.4.2 Satz (Konvergenzsatz von Dirichlet-Jordan)

Es sei $f \in RSC_1^{2\pi}$ beliebig gegeben. Dann gilt für alle $x \in I\!R$

$$Ff(x) = \lim_{n \to \infty} F_n f(x) = f(x) \ .$$

Beweis:

Zunächst ist klar, daß wegen $RSC_1^{2\pi} \subset L_1^{2\pi}$ die Fourier-Koeffizienten von f und damit auch die formalen Fourier-Summen wohldefiniert sind. Wir zeigen nun für alle $x \in I\!R$ die Gültigkeit der Dini-Bedingung 1.3.12, woraus dann unmittelbar die Konvergenzaussage folgt.

Es sei also $x \in I\!R$ beliebig gegeben.

1. Fall: f ist in x stetig differenzierbar.

Dann gibt es ein $\delta > 0$, so daß für alle $0 < t \leq \delta$ gilt

$$f(x \pm t) - f(x) = \int_x^{x \pm t} f'(\tau) d\tau$$

bzw. – da f' beschränkt ist –

$$|f(x \pm t) - f(x)| \leq t \, M_\delta \ , \quad 0 < t \leq \delta \ ,$$

mit

$$M_\delta := \max\{|f'(\tau)| \mid \tau \in [x - \delta, x + \delta]\} \ .$$

Daraus folgt aber

$$\int_0^\delta \frac{|f(x+t) - 2f(x) + f(x-t)|}{t} dt$$

$$\leq \int_0^\delta \frac{|f(x+t) - f(x)|}{t} dt + \int_0^\delta \frac{|f(x-t) - f(x)|}{t} dt$$

$$\leq 2 \int_0^\delta M_\delta dt < \infty \ ,$$

also das Erfülltsein der Dini-Bedingung 1.3.12.

2. Fall: f ist in x nicht stetig differenzierbar.

Dann ist x entweder eine reguläre Unstetigkeitsstelle erster Ordnung von f oder eine Stetigkeitsstelle von f. In jedem Fall gilt jedoch

$$f(x) = \frac{1}{2}(f(x+) + f(x-)) \quad,$$

und es existiert ein $\delta > 0$, so daß f in $[x-\delta, x)$ und $(x, x+\delta]$ stetig differenzierbar ist. Aufgrund der (absoluten) Stetigkeit des unbestimmten Integrals gilt nun für alle $0 < t \leq \delta$

$$\begin{aligned} f(x+t) - f(x+) &= \lim_{h \to 0+} (f(x+t) - f(x+h)) \\ &= \lim_{h \to 0+} \int_{x+h}^{x+t} f'(\tau) d\tau \\ &= \int_{x}^{x+t} f'(\tau) d\tau \end{aligned}$$

sowie entsprechend

$$f(x-) - f(x-t) = \int_{x-t}^{x} f'(\tau) d\tau \quad.$$

Setzt man nun wieder – da f' stückweise existiert und beschränkt ist –

$$M_\delta := \sup\{|f'(\tau)| \mid \tau \in [x-\delta, x) \cup (x, x+\delta]\} \quad,$$

so folgt in Analogie zu Fall 1

$$|f(x \pm t) - f(x\pm)| \leq t M_\delta \quad,$$

und daraus wieder das Erfülltsein der Dini-Bedingung 1.3.12 gemäß

$$\int_0^\delta \frac{|f(x+t) - 2f(x) + f(x-t)|}{t} dt$$

$$= \int_0^\delta \frac{|f(x+t) - f(x+) - f(x-) + f(x-t)|}{t} dt$$

$$\leq \int_0^\delta \frac{|f(x+t) - f(x+)|}{t} dt + \int_0^\delta \frac{|f(x-t) - f(x-)|}{t} dt$$

$$\leq 2 \int_0^\delta M_\delta dt < \infty \quad.$$

□

1.4 Fourier-Reihen unstetiger periodischer Funktionen 39

Nach diesem positiven lokalen Konvergenzresultat stellt sich nun die Frage nach der Qualität der Konvergenz von $F_n f$ für $f \in RSC_1^{2\pi}$, insbesondere an Unstetigkeitsstellen von f. Eine triviale Bemerkung vorab: Die Konvergenz von $F_n f$ gegen f für $n \to \infty$ kann in der Nähe einer Unstetigkeitsstelle von f sicherlich nicht gleichmäßig sein, da f dann notwendigerweise stetig sein müßte. Daß aber selbst das punktweise Konvergenzverhalten dort relativ unbefriedigend ist, halten wir als Gibbssches Phänomen in folgendem Satz fest.

1.4.3 Satz (Gibbssches Phänomen)

Es sei $f \in RSC_1^{2\pi}$ gegeben und $\xi \in \mathbb{R}$ eine reguläre Unstetigkeitsstelle erster Ordnung von f. Dann gilt

$$\limsup_{\substack{n\to\infty \\ x\to\xi}} F_n f(x) > \max\{f(\xi-), f(\xi+)\} ,$$

$$\liminf_{\substack{n\to\infty \\ x\to\xi}} F_n f(x) < \min\{f(\xi-), f(\xi+)\} .$$

Beweisidee:
Da der Beweis der allgemeinen Aussage des Satzes relativ schwierig ist, motivieren wir seine Richtigkeit zunächst anhand eines einfachen Beispiels.
Wir betrachten im folgenden speziell die Funktion g (vgl. auch Aufgabe 1.2.6),

$$g(x) := \begin{cases} 0 & \text{für } x \equiv 0 \pmod{2\pi} , \\ \frac{1}{2}(\pi - x) & \text{für } x \in (0, 2\pi) \pmod{2\pi} , \end{cases}$$

sowie den Punkt $\xi = 0$. Offenbar gilt $g \in RSC_1^{2\pi}$, und $\xi = 0$ ist eine reguläre Unstetigkeitsstelle erster Ordnung von g. Desweiteren gilt für $k \in \mathbb{Z} \setminus \{0\}$

$$\begin{aligned}
c_k(g) &= \frac{1}{2\pi} \int_0^{2\pi} g(t) e^{-ikt} dt \\
&= \frac{1}{2\pi} \int_0^{2\pi} \frac{1}{2}(\pi - t) e^{-ikt} dt \\
&= \frac{1}{4} \int_0^{2\pi} e^{-ikt} dt + \frac{1}{4\pi} \left[t \frac{1}{ik} e^{-ikt} \right]_0^{2\pi} - \frac{1}{4\pi} \int_0^{2\pi} \frac{1}{ik} e^{-ikt} dt \\
&= \frac{1}{2ki}
\end{aligned}$$

sowie für $k = 0$

$$c_o(g) = \frac{1}{2\pi} \int_0^{2\pi} \frac{1}{2}(\pi - t) dt = 0 .$$

Damit lautet die n-te Fourier-Summe $F_n g$ von g

$$\begin{aligned}
F_n g(x) &= \sum_{k=-n}^{n} c_k e^{ikx} \\
&= \sum_{k=-n}^{-1} \frac{1}{2ki}(\cos kx + i \sin kx) + \sum_{k=1}^{n} \frac{1}{2ki}(\cos kx + i \sin kx) \\
&= \sum_{k=1}^{n} \frac{1}{-2ki}(\cos kx - i \sin kx) + \sum_{k=1}^{n} \frac{1}{2ki}(\cos kx + i \sin kx) \\
&= \sum_{k=1}^{n} \frac{\sin kx}{k} \ .
\end{aligned}$$

Unter Ausnutzung einer Summenformel für den Cosinus, die wir mittels $\cos kt = \frac{1}{2}(e^{ikt} + e^{-ikt})$ exakt genauso herleiten wie die Formel für die Dirichlet-Kerne (vgl. den Beweis von Satz 1.3.4), erhält man weiter

$$\begin{aligned}
F_n g(x) &= \sum_{k=1}^{n} \frac{\sin kx}{k} = \sum_{k=1}^{n} \left[\frac{\sin kt}{k} \right]_0^x \\
&= \sum_{k=1}^{n} \int_0^x \cos kt \, dt = \int_0^x \sum_{k=1}^{n} \cos kt \, dt \\
&= \int_0^x \sum_{k=1}^{n} \frac{1}{2} \left(e^{ikt} + e^{-ikt} \right) dt = \int_0^x \frac{1}{2} \left(\sum_{k=-n}^{n} e^{ikt} \right) dt - \int_0^x \frac{1}{2} dt \\
&= \int_0^x \frac{\sin \frac{2n+1}{2} t}{2 \sin \frac{t}{2}} dt - \frac{1}{2} x \ .
\end{aligned}$$

Betrachtet man nun die gegen Null konvergierende Folge

$$x_n := \frac{2\pi}{2n+1} \ , \ n \in \mathbb{N} \ ,$$

so ergibt sich folgende Abschätzung:

1.4 Fourier-Reihen unstetiger periodischer Funktionen

$$\limsup_{\substack{n\to\infty \\ x\to 0}} F_n g(x) \geq \lim_{n\to\infty} \left(\int_o^{x_n} \frac{\sin \frac{2n+1}{2}t}{2\sin \frac{t}{2}} dt - \frac{1}{2}x_n \right)$$

$$= \lim_{n\to\infty} \int_o^\pi \frac{\sin \tau}{\sin \frac{\tau}{2n+1}} \frac{d\tau}{2n+1} \qquad \text{(Lebesgue u. l'Hospital)}$$

$$= \int_o^\pi \frac{\sin \tau}{\tau} d\tau = 1.85\ldots$$

$$> \frac{\pi}{2} = \max\{g(0-), g(0+)\} \; .$$

Entsprechend zeigt man mit

$$x_n := -\frac{2\pi}{2n+1} \; , \; n \in I\!N \; ,$$

die Abschätzung

$$\liminf_{\substack{n\to\infty \\ x\to 0}} F_n g(x) \leq -\int_o^\pi \frac{\sin \tau}{\tau} d\tau = -1.85\ldots$$

$$< -\frac{\pi}{2} = \min\{g(0-), g(0+)\} \; .$$

Damit ist für die spezielle Funktion g die Gültigkeit des Satzes nachgewiesen. Für eine beliebige Funktion $f \in RSC_1^{2\pi}$ mit regulärer Unstetigkeitsstelle $\xi \in I\!R$ schließt man wie folgt, wobei wir o.B.d.A. $f(\xi+) > f(\xi-)$ annehmen. Setze

$$\tilde{f}(x) := f(x) - \frac{(f(\xi+) - f(\xi-))}{\pi} g(x - \xi) \; , \; x \in I\!R \; ,$$

wobei g die oben betrachtete stückweise lineare Funktion ist. Offenbar gilt

$$\tilde{f}(\xi) = f(\xi) \; ,$$

$$\tilde{f}(\xi+) = f(\xi+) - \frac{(f(\xi+) - f(\xi-))}{\pi} g(0+)$$

$$= f(\xi+) - \frac{1}{2}(f(\xi+) - f(\xi-))$$

$$= \frac{1}{2}(f(\xi+) + f(\xi-))$$

$$= f(\xi)$$

und entsprechend

$$\tilde{f}(\xi-) = f(\xi-) - \frac{(f(\xi+)-f(\xi-))}{\pi}g(0-)$$
$$= f(\xi-) + \frac{f(\xi+)-f(\xi-)}{2}$$
$$= f(\xi) \ .$$

Also ist $\tilde{f}$ eine in ξ stetige Funktion. Für diese Funktion $\tilde{f}$ läßt sich nun zeigen, daß *gleichmäßig* in n und x gilt

$$\lim_{\substack{n\to\infty \\ x\to\xi}} F_n \tilde{f}(x) = f(\xi) \ .$$

Wir verzichten an dieser Stelle auf den nicht ganz einfachen Beweis und verweisen stattdessen auf [22]. Unter Ausnutzung dieser Eigenschaft von $\tilde{f}$ erhalten wir endlich

$$\limsup_{\substack{n\to\infty \\ x\to\xi}} F_n f(x) = \limsup_{\substack{n\to\infty \\ x\to\xi}} F_n \left(\tilde{f} + \frac{f(\xi+)-f(\xi-)}{\pi} g(\cdot - \xi) \right)(x)$$
$$= \limsup_{\substack{n\to\infty \\ x\to\xi}} \left(F_n \tilde{f}(x) + \frac{f(\xi+)-f(\xi-)}{\pi} F_n g(x-\xi) \right)$$
$$\geq f(\xi) + \frac{f(\xi+)-f(\xi-)}{\pi} \int_0^\pi \frac{\sin\tau}{\tau} d\tau$$
$$> \frac{f(\xi+)+f(\xi-)}{2} + \frac{f(\xi+)-f(\xi-)}{2}$$
$$= f(\xi+)$$

sowie entsprechend

$$\liminf_{\substack{n\to\infty \\ x\to\xi}} F_n f(x) \leq f(\xi) - \frac{f(\xi+)-f(\xi-)}{\pi} \int_0^\pi \frac{\sin\tau}{\tau} d\tau$$
$$< f(\xi-) \ .$$

□

1.4 Fourier-Reihen unstetiger periodischer Funktionen 43

1.4.4 Bemerkung (Interpretation des Gibbsschen Phänomens)

Die Aussage des obigen Satzes läßt sich salopp wie folgt formulieren:
Während man intuitiv erwarten würde, daß an einer regulären Unstetigkeitsstelle
$\xi \in I\!R$ von $f \in RSC_1^{2\pi}$ für hinreichend große $n \in I\!N$ und x hinreichend nahe bei ξ
die Funktionswerte $F_n f(x)$ der Fourier-Reihe von f asymptotisch zwischen

$$\min\{f(\xi-), f(\xi+)\} = f(\xi) - \frac{|f(\xi+) - f(\xi-)|}{2}$$

und

$$\max\{f(\xi-), f(\xi+)\} = f(\xi) + \frac{|f(\xi+) - f(\xi-)|}{2}$$

liegen, werden die Werte $F_n f(x)$ tatsächlich bestenfalls asymptotisch zwischen

$$f(\xi) - \frac{|f(\xi+) - f(\xi-)|}{\pi} \int_o^\pi \frac{\sin \tau}{\tau} d\tau$$

und

$$f(\xi) + \frac{|f(\xi+) - f(\xi-)|}{\pi} \int_o^\pi \frac{\sin \tau}{\tau} d\tau$$

liegen. Es kommt also in der Nähe von ξ für jedes noch so große n zu sogenannten Überschlägen (auch Gibbs-Buckel genannt) der Fourier-Reihe von f. In diesem Zusammenhang sollte man noch einmal einen Blick auf die Skizzen zu den Lösungen der Aufgaben 1.2.6 und 1.2.7 werfen; dort sind die jeweiligen Gibbs-Buckel gut zu erkennen.

1.5 Fourier-Reihen anderer Klassen periodischer Funktionen – Die Asymptotik der Fourier-Koeffizienten –

In diesem letzten Abschnitt des vorliegenden Kapitels beschäftigen wir uns speziell mit der Asymptotik der Fourier-Koeffizienten $c_k(f)$ für $k \to \pm\infty$. Die Asymptotik der Fourier-Koeffizienten ist deshalb von besonderem Interesse, weil eine hinreichend schnelle Nullkonvergenz der $c_k(f)$ für $k \to \pm\infty$ unmittelbar die – sogar gleichmäßige – Konvergenz der Fourier-Reihe garantiert. Wir halten dieses wichtige Resultat in folgendem Satz fest.

1.5.1 Satz (Absolute gleichmäßige Konvergenz der Fourier-Reihe)

Es sei $f \in L_1^{2\pi}$ eine Funktion, deren Fourier-Koeffizienten $c_k(f)$ für $k \to \pm\infty$ so schnell gegen Null konvergieren, daß die Folge $(c_k(f))_{k \in \mathbb{Z}}$ absolut summierbar ist, d.h., daß

$$\sum_{k=-\infty}^{\infty} |c_k(f)| < \infty$$

gilt. Dann konvergiert die Folge $(F_n f)_{n \in \mathbb{N}}$ auf $\mathbb{R}$ absolut und gleichmäßig gegen eine stetige Grenzfunktion g, die fast überall mit f übereinstimmt. Ist f selbst a priori stetig, so gilt also

$$\lim_{n \to \infty} F_n f = F f = f \qquad \text{(abs. u. glm.)}.$$

Beweis:
Wegen

$$\sum_{k=-n}^{n} |c_k(f) e^{ikx}| \leq \sum_{k=-\infty}^{\infty} |c_k(f)| < \infty$$

konvergieren die Fourier-Summen

$$F_n f(x) = \sum_{k=-n}^{n} c_k(f) e^{ikx} \quad , \quad x \in \mathbb{R} \quad , \quad n \in \mathbb{N} \quad ,$$

nach dem Weierstraßschen Majorantenkriterium auf ganz $\mathbb{R}$ absolut und gleichmäßig gegen eine stetige Grenzfunktion g,

$$\lim_{n \to \infty} F_n f = g \qquad \text{(abs. u. glm.)}.$$

1.5 Fourier-Reihen anderer Klassen periodischer Funktionen

Es bleibt zu zeigen, daß fast überall $f(x) = g(x)$ gilt. Dazu sei $k \in \mathbb{Z}$ beliebig gegeben. Aufgrund der gleichmäßigen Konvergenz von $(F_n f)_{n \in \mathbb{N}}$ gilt für den k-ten Fourier-Koeffizienten von g,

$$c_k(g) = \frac{1}{2\pi} \int_o^{2\pi} \left(\sum_{r=-\infty}^{\infty} c_r(f) e^{irt} \right) e^{-ikt} dt$$

$$= \frac{1}{2\pi} \sum_{r=-\infty}^{\infty} c_r(f) \int_o^{2\pi} e^{i(r-k)t} dt$$

$$= \frac{1}{2\pi} \sum_{r=-\infty}^{\infty} c_r(f) 2\pi \delta_{kr}$$

$$= c_k(f) \ .$$

Also gilt $c_k(f) = c_k(g)$, $k \in \mathbb{Z}$, und damit stimmen f und g nach dem Identitätssatz 1.2.12 wie behauptet fast überall überein.

□

Der obige Satz zeigt also, daß es durchaus nützlich ist, Informationen über die Asymptotik von $c_k(f)$ für $k \to \pm\infty$ zur Verfügung zu haben. Eine erste, wenn auch schwache Information dieses Typs haben wir mit dem Riemann-Lebesgue-Theorem 1.3.8 bereits kennengelernt: Für alle $f \in L_1^{2\pi}$ gilt

$$c_k(f) = o(1) \ , \quad k \to \pm\infty \ .$$

Eine genaue Klassifizierung von Funktionen in Abhängigkeit von der Asymptotik ihrer Fourier-Koeffizienten soll in Satz 1.5.3 geliefert werden. Zuvor benötigen wir allerdings noch folgende Definition.

1.5.2 Definition (Die Funktionenräume $C_m^{2\pi}$ und $Lip_\alpha^{2\pi}$)

Es seien $m \in \mathbb{N}_o$ und $0 < \alpha \leq 1$ beliebig gegeben.
Wir nennen eine Funktion $f : \mathbb{R} \to \mathbb{C}$ dem Raum $C_m^{2\pi}$ zugehörig, falls $f, f', f'', \ldots, f^{(m)}$ existieren und auf ganz $\mathbb{R}$ stetige komplexwertige 2π-periodische Funktionen darstellen (speziell: $C_o^{2\pi} = C^{2\pi}$).
Wir nennen eine Funktion $f : \mathbb{R} \to \mathbb{C}$ dem Raum $Lip_\alpha^{2\pi}$ zugehörig, falls $f \in C^{2\pi}$ ist und eine Konstante $M > 0$ existiert, so daß f für alle $x, y \in \mathbb{R}$ der sogenannten Lipschitz-Bedingung $|f(x) - f(y)| \leq M|x - y|^\alpha$ genügt.

46 Kap. 1 Fourier-Reihen

1.5.3 Satz (Asymptotik der Fourier-Koeffizienten)

Es seien $m \in \mathbb{N}_o$ und $0 < \alpha \leq 1$ beliebig vorgegeben sowie $f \in C_m^{2\pi}$ eine Funktion mit $f^{(m)} \in Lip_\alpha^{2\pi}$. Dann gilt

$$c_k(f) = O(|k|^{-m-\alpha}) \qquad (k \to \pm\infty) \ .$$

Insbesondere konvergiert im Fall $m \in \mathbb{N}$ die Fourier-Reihe $(F_n f)_{n \in \mathbb{N}}$ absolut und gleichmäßig gegen f.

Beweis:
Zunächst ist die Aussage hinsichtlich der absoluten und gleichmäßigen Konvergenz der Fourier-Reihe wegen

$$\sum_{k=-\infty}^{\infty} |c_k(f)| \leq |c_o(f)| + \text{const.} \cdot \sum_{\substack{k=-\infty \\ k \neq o}}^{\infty} |k|^{-m-\alpha} < \infty$$

für $m \in \mathbb{N}$ und $0 < \alpha \leq 1$ nach Satz 1.5.1 klar. Wir haben also lediglich noch die asymptotische Beziehung für die $c_k(f)$, $k \in \mathbb{Z}$, zu beweisen.
Dazu sei $k \in \mathbb{Z} \setminus \{0\}$ beliebig gewählt. Mittels m-maliger partieller Integration erhalten wir zunächst

$$\begin{aligned}
c_k(f) &= \frac{1}{2\pi} \int_o^{2\pi} f(t) e^{-ikt} dt \\
&= \frac{1}{2\pi} \left[f(t) \frac{1}{-ik} e^{-ikt} \right]_o^{2\pi} + \frac{1}{2\pi} \int_o^{2\pi} f'(t) \frac{1}{ik} e^{-ikt} dt \\
&= \frac{1}{2\pi} \frac{1}{ik} \int_o^{2\pi} f'(t) e^{-ikt} dt \\
&= \ldots \\
&= \frac{1}{2\pi} (ik)^{-m} \int_o^{2\pi} f^{(m)}(t) e^{-ikt} dt \ .
\end{aligned}$$

Wegen

1.5 Fourier-Reihen anderer Klassen periodischer Funktionen

$$\int_0^{2\pi} f^{(m)}(t)e^{-ikt}dt = \int_{-\frac{\pi}{k}}^{2\pi-\frac{\pi}{k}} f^{(m)}(t+\frac{\pi}{k})e^{-ik(t+\frac{\pi}{k})}dt$$

$$= e^{-i\pi} \int_{-\frac{\pi}{k}}^{2\pi-\frac{\pi}{k}} f^{(m)}(t+\frac{\pi}{k})e^{-ikt}dt$$

$$= -\int_0^{2\pi} f^{(m)}(t+\frac{\pi}{k})e^{-ikt}dt$$

und der Existenz einer Konstanten $M > 0$ mit

$$|f^{(m)}(x) - f^{(m)}(y)| \leq M|x-y|^\alpha \ , \quad x,y \in \mathbb{R} \ ,$$

erhalten wir schließlich

$$|c_k(f)| = \left| \frac{1}{2\pi}(ik)^{-m}\frac{1}{2}\int_0^{2\pi} \left(f^{(m)}(t) - f^{(m)}(t+\frac{\pi}{k}) \right) e^{-ikt}dt \right|$$

$$\leq \frac{|k|^{-m}}{4\pi} \int_0^{2\pi} \left| f^{(m)}(t) - f^{(m)}(t+\frac{\pi}{k}) \right| dt$$

$$\leq \frac{|k|^{-m}}{4\pi} 2\pi M \left(\frac{\pi}{|k|} \right)^\alpha$$

$$= \frac{M}{2}\pi^\alpha |k|^{-m-\alpha} \ .$$

$\square$

1.5.4 Aufgabe

Zeigen Sie, daß unter den Voraussetzungen des obigen Satzes im Fall $\alpha = 1$ sogar gilt

$$c_k(f) = o(|k|^{-m-1}) \qquad (k \to \pm\infty) \ .$$

Aufgrund der bisherigen Resultate könnte der Eindruck entstanden sein, daß die Fourier-Reihe immer genau dann absolut und gleichmäßig konvergiert, wenn die Fourier-Koeffizienten eine $O(|k|^{-\epsilon})$-Asymptotik mit $\epsilon > 1$ erfüllen. Daß dies i.a. nicht der Fall ist, zeigen wir im abschließenden Satz.

1.5.5 Satz (Fourier-Reihen stetig differenzierbarer Funktionen)

Es sei $f \in C_1^{2\pi}$. Dann gilt

$$c_k(f) = O(|k|^{-1}) \qquad (k \to \pm\infty) \;,$$

und die Fourier-Reihe $(F_n f)_{n \in \mathbb{N}}$ konvergiert absolut und gleichmäßig gegen f.

Beweis:
Es sei $k \in \mathbb{Z} \setminus \{0\}$ gegeben. Da $f \in C_1^{2\pi}$ ist, folgt mittels partieller Integration

$$\begin{aligned} c_k(f) &= \frac{1}{2\pi} \int_0^{2\pi} f(t) e^{-ikt} dt \\ &= \frac{1}{2\pi} \frac{1}{ik} \int_0^{2\pi} f'(t) e^{-ikt} dt \;, \end{aligned}$$

also

$$\begin{aligned} |c_k(f)| &\leq \frac{1}{2\pi|k|} \int_0^{2\pi} |f'(t)| dt \\ &= O(|k|^{-1}) \qquad (k \to \pm\infty) \;. \end{aligned}$$

Damit ist die asymptotische Beziehung für die Fourier-Koeffizienten, die hier <u>nicht</u> unmittelbar ihre absolute Summierbarkeit nach sich zieht, bereits gezeigt.

Wir erinnern uns nun daran, daß wegen $f' \in C^{2\pi} \subset L_2^{2\pi}$ z.B. die Parsevalsche Gleichung (vgl. Satz 1.2.14) die quadratische Summierbarkeit von $(c_k(f'))_{k \in \mathbb{Z}}$ impliziert. Unter Anwendung der Hölderschen Ungleichung erhalten wir damit

1.5 Fourier-Reihen anderer Klassen periodischer Funktionen   49

$$\sum_{k=-\infty}^{\infty} |c_k(f)| = \sum_{k=-\infty}^{\infty} \frac{1}{|k|} \left| \frac{1}{2\pi} \int_0^{2\pi} f'(t) e^{-ikt} dt \right|$$

$$= \sum_{k=-\infty}^{\infty} \frac{1}{|k|} |c_k(f')|$$

$$\leq \left(\sum_{k=-\infty}^{\infty} \frac{1}{k^2} \right)^{\frac{1}{2}} \left(\sum_{k=0}^{\infty} |c_k(f')|^2 \right)^{\frac{1}{2}}$$

$$< \infty \; ,$$

also die absolute Summierbarkeit von $(c_k(f))_{k \in \mathbb{Z}}$. Der Rest der Behauptung des Satzes folgt nun wieder mit Satz 1.5.1.

□

1.6 Lösungshinweise zu den Übungsaufgaben

Zu Aufgabe 1.2.3

Mit der Eulerschen Identität

$$e^{ix} = \cos x + i \sin x$$

folgt aus

$$\langle E_j, E_k \rangle = 2\pi \delta_{jk} \ , \quad j,k \in \mathbb{Z} \ ,$$

sogleich

$$\begin{aligned}
2\pi \delta_{jk} &= \int_0^{2\pi} (\cos jt + i \sin jt)(\cos kt - i \sin kt) dt \\
&= \int_0^{2\pi} (\cos jt \cos kt + \sin jt \sin kt) dt \qquad (*) \\
&\quad + i \int_0^{2\pi} (\sin jt \cos kt - \sin kt \cos jt) dt \ .
\end{aligned}$$

Nun sind mehrere Fallunterscheidungen nötig. Für $j = k = 0$ folgt aus $(*)$ die triviale Aussage

$$\int_0^{2\pi} 1 dt = 2\pi \ .$$

Für $j, k \in \mathbb{N}_o$ mit o.B.d.A. $k > 0$ folgt über die Realteilbedingung

$$2\pi \delta_{jk} = \int_0^{2\pi} (\cos jt \cos kt + \sin jt \sin kt) dt$$

bzw. – nach Übergang von k zu $(-k)$ –

$$0 = \int_0^{2\pi} (\cos jt \cos kt - \sin jt \sin kt) dt \ ,$$

also mittels Addition und Subtraktion

$$\int_0^{2\pi} (\cos jt \cos kt) dt = \pi \delta_{jk} \ , \quad k \in \mathbb{N} \ , \ j \in \mathbb{N}_o \ ,$$

$$\int_0^{2\pi} (\sin jt \sin kt) dt = \pi \delta_{jk} \ , \quad k \in \mathbb{N} \ , \ j \in \mathbb{N}_o \ .$$

1.6 Lösungshinweise zu den Übungsaufgaben

Entsprechend ergibt sich über die Imaginärteilbedingung für alle $j, k \in \mathbb{N}_o$

$$0 = \int_0^{2\pi} (\sin jt \cos kt - \sin kt \cos jt) dt$$

sowie – nach Übergang von k zu $(-k)$ –

$$0 = \int_0^{2\pi} (\sin jt \cos kt + \sin kt \cos jt) dt \quad ,$$

also nach Addition

$$\int_0^{2\pi} (\sin jt \cos kt) dt = 0 \quad , \quad j, k \in \mathbb{N}_o \quad .$$

Zu Aufgabe 1.2.4

Es seien im folgenden $f, g \in L_1^{2\pi}$, $\alpha, \beta \in \mathbb{C}$ sowie $k \in \mathbb{Z}$ beliebig gegeben.

1. Die Linearität der Fourier-Koeffizienten ist eine unmittelbare Folge der Linearität des Integrals:

$$\begin{aligned} c_k(\alpha f + \beta g) &= \frac{1}{2\pi} \int_0^{2\pi} (\alpha f(t) + \beta g(t)) e^{-ikt} dt \\ &= \frac{1}{2\pi} \alpha \int_0^{2\pi} f(t) e^{-ikt} dt + \frac{1}{2\pi} \beta \int_0^{2\pi} g(t) e^{-ikt} dt \\ &= \alpha c_k(f) + \beta c_k(g) \quad . \end{aligned}$$

2. Da man sich über die Summendefinition des Integrals leicht klar macht, daß Integration und Konjugation vertauschbar sind, folgt:

$$\begin{aligned} \overline{c_k(f)} &= \overline{\frac{1}{2\pi} \int_0^{2\pi} f(t) e^{-ikt} dt} \\ &= \frac{1}{2\pi} \int_0^{2\pi} \overline{f(t) e^{-ikt}} dt \\ &= \frac{1}{2\pi} \int_0^{2\pi} \bar{f}(t) e^{ikt} dt \\ &= c_{-k}(\bar{f}) \quad . \end{aligned}$$

3. Mit 1. und 2. aus:

$$\begin{aligned} c_k(\operatorname{Re} f) &= c_k\left(\frac{1}{2}(f + \bar{f})\right) \\ &= \frac{1}{2}(c_k(f) + c_k(\bar{f})) \\ &= \frac{1}{2}(c_k(f) + \overline{c_{-k}(f)}) \ . \end{aligned}$$

4. Mit 1. und 2. aus

$$\begin{aligned} c_k(\operatorname{Im} f) &= c_k\left(\frac{1}{2i}(f - \bar{f})\right) \\ &= \frac{1}{2i}(c_k(f) - c_k(\bar{f})) \\ &= \frac{1}{2i}(c_k(f) - \overline{c_{-k}(f)}) \ . \end{aligned}$$

5. Aufgrund der Linearität des Integrals ergibt sich

$$\begin{aligned} c_k(f) &= \frac{1}{2\pi}\int_0^{2\pi} f(t)e^{-ikt}dt \\ &= \frac{1}{2\pi}\int_0^{2\pi} (\operatorname{Re} f(t) + i\operatorname{Im} f(t))(\cos kt - i\sin kt)dt \\ &= \frac{1}{2\pi}\int_0^{2\pi} \operatorname{Re} f(t)\cos kt\ dt + \frac{1}{2\pi}\int_0^{2\pi} \operatorname{Im} f(t)\sin kt\ dt \\ &\quad + i\left(-\frac{1}{2\pi}\int_0^{2\pi} \operatorname{Re} f(t)\sin kt\ dt + \frac{1}{2\pi}\int_0^{2\pi} \operatorname{Im} f(t)\cos kt\ dt\right) , \end{aligned}$$

also

$$\operatorname{Re}(c_k(f)) = \frac{1}{2\pi}\int_0^{2\pi} \operatorname{Re} f(t)\cos kt\ dt + \frac{1}{2\pi}\int_0^{2\pi} \operatorname{Im} f(t)\sin kt\ dt \ .$$

6. Mit der Identität aus 5. folgt entsprechend

$$\operatorname{Im}(c_k(f)) = -\frac{1}{2\pi}\int_0^{2\pi} \operatorname{Re} f(t)\sin kt\ dt + \frac{1}{2\pi}\int_0^{2\pi} \operatorname{Im} f(t)\cos kt\ dt \ .$$

7. Unmittelbare Konsequenz aus 3. und 4.

1.6 Lösungshinweise zu den Übungsaufgaben

Zu Aufgabe 1.2.5

Es seien im folgenden $f, g \in L_1^{2\pi}$, $\alpha, \beta \in C$, $x \in \mathbb{R}$ sowie $n \in \mathbb{N}_o$ beliebig gegeben.

1. Die Linearität der Fourier-Summen ist eine unmittelbare Folge der Linearität der Fourier-Koeffizienten (vgl. die vorherige Aufgabe 1.2.4 (1.)):

$$F_n(\alpha f + \beta g)(x) = \sum_{k=-n}^{n} c_k(\alpha f + \beta g) e^{ikx}$$

$$= \alpha \sum_{k=-n}^{n} c_k(f) e^{ikx} + \beta \sum_{k=-n}^{n} c_k(g) e^{ikx}$$

$$= \alpha F_n f(x) + \beta F_n g(x) \ .$$

2. Mit Aufgabe 1.2.4 (2.) erhält man sofort:

$$\overline{F_n f(x)} = \overline{\sum_{k=-n}^{n} c_k(f) e^{ikx}}$$

$$= \sum_{k=-n}^{n} \overline{c_k(f) e^{ikx}}$$

$$= \sum_{k=-n}^{n} c_{-k}(\bar{f}) e^{-ikx}$$

$$= \sum_{k=-n}^{n} c_k(\bar{f}) e^{ikx}$$

$$= F_n \bar{f}(x) \ .$$

3. Mit 1. und 2. aus:

$$F_n(\operatorname{Re} f)(x) = F_n\left(\frac{1}{2}(f + \bar{f})\right)(x)$$

$$= \frac{1}{2}(F_n f(x) + F_n \bar{f}(x))$$

$$= \frac{1}{2}(F_n f(x) + \overline{F_n f(x)})$$

$$= \operatorname{Re}(F_n f(x)) \ .$$

4. Mit 1. und 2. aus:

$$F_n(\operatorname{Im} f)(x) = F_n\left(\frac{1}{2i}(f - \bar{f})\right)(x)$$

$$= \frac{1}{2i}(F_n f(x) - F_n \bar{f}(x))$$

$$= \frac{1}{2i}(F_n f(x) - \overline{F_n f(x)})$$

$$= \operatorname{Im}(F_n f(x)) \ .$$

Zu Aufgabe 1.2.6

(a) Die Fourier-Koeffizienten berechnen sich zu

$$c_o(f) = \frac{1}{2\pi} \int_0^{2\pi} f(t)dt$$

$$= \frac{1}{2\pi} \int_0^{2\pi} \frac{1}{2}(\pi - t)dt$$

$$= 0,$$

$$c_k(f) = \frac{1}{2\pi} \int_0^{2\pi} f(t)e^{-ikt}dt$$

$$= \frac{1}{2\pi} \int_0^{2\pi} \frac{1}{2}(\pi - t)e^{-ikt}dt$$

$$= \frac{1}{2ki}, \quad k \in \mathbb{Z} \setminus \{0\}.$$

(b) Die Fourier-Summen berechnen sich zu

$$F_o f(x) = 0, \quad x \in \mathbb{R},$$

$$F_n f(x) = \sum_{\substack{k=-n \\ k \neq 0}}^{n} \frac{1}{2ki} e^{ikx}$$

$$= \sum_{k=1}^{n} \left(\frac{1}{2ki} e^{ikx} + \frac{1}{2(-k)i} e^{i(-k)x} \right)$$

$$= \sum_{k=1}^{n} \frac{1}{2ki} \left(\cos kx + i \sin kx - \cos kx + i \sin kx \right)$$

$$= \sum_{k=1}^{n} \frac{\sin kx}{k}, \quad x \in \mathbb{R}, \ n \in \mathbb{N}.$$

(c) Die Skizze findet man auf der folgenden Seite.

1.6 Lösungshinweise zu den Übungsaufgaben

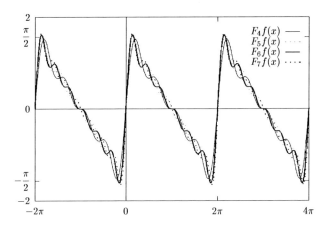

$$f(x) := \begin{cases} 0 & \text{für } x \equiv 0 \pmod{2\pi}, \\ \frac{1}{2}(\pi - x) & \text{für } x \in (0, 2\pi) \pmod{2\pi}. \end{cases}$$

$$F_4 f(x) = \sin x + \frac{1}{2}\sin 2x + \frac{1}{3}\sin 3x + \frac{1}{4}\sin 4x$$
$$F_5 f(x) = \sin x + \frac{1}{2}\sin 2x + \frac{1}{3}\sin 3x + \frac{1}{4}\sin 4x + \frac{1}{5}\sin 5x$$
$$F_6 f(x) = F_5 f(x) + \frac{1}{6}\sin 6x$$
$$F_7 f(x) = F_6 f(x) + \frac{1}{7}\sin 7x$$

Abbildung 1.3: Skizze von $F_4 f$, $F_5 f$, $F_6 f$ und $F_7 f$

Zu Aufgabe 1.2.7

(a) Die Fourier-Koeffizienten berechnen sich zu

$$c_o(f) = \frac{1}{2\pi} \int_0^{2\pi} f(t)dt$$

$$= \frac{1}{2\pi} \left(\int_0^{\pi} 1\,dt + \int_{\pi}^{2\pi} (-1)dt \right)$$

$$= 0\,,$$

$$c_k(f) = \frac{1}{2\pi} \int_0^{2\pi} f(t)e^{-ikt}dt$$

$$= \frac{1}{2\pi} \left(\int_0^{\pi} e^{-ikt}dt + \int_{\pi}^{2\pi} (-1)e^{-ikt}dt \right)$$

$$= \frac{i}{\pi k} \left((-1)^k - 1 \right)\,,\quad k \in \mathbb{Z} \setminus \{0\}\,.$$

(b) Die Fourier-Summen berechnen sich zu

$$F_o f(x) = 0\,,\quad x \in \mathbb{R}\,,$$

$$F_n f(x) = \sum_{\substack{k=-n \\ k \neq 0}}^{n} \frac{i}{\pi k} \left((-1)^k - 1 \right) e^{ikx}$$

$$= \sum_{k=1}^{n} \left((-1)^k - 1 \right) \left(\frac{i}{\pi k} e^{ikx} + \frac{i}{\pi(-k)} e^{i(-k)x} \right)$$

$$= \sum_{k=1}^{n} \frac{i}{\pi k} \left((-1)^k - 1 \right) (\cos kx + i\sin kx - \cos kx + i\sin kx)$$

$$= \sum_{k=1}^{n} \frac{2}{\pi k} \left(1 - (-1)^k \right) \sin kx\,,\quad x \in \mathbb{R}\,,\ n \in \mathbb{N}\,.$$

(c) Die Skizze findet man auf der folgenden Seite.

1.6 Lösungshinweise zu den Übungsaufgaben

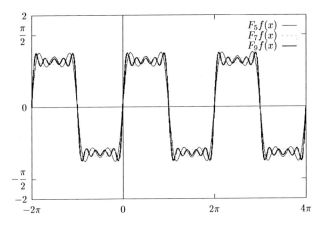

$$f(x) := \begin{cases} 1 & \text{für } x \in (0, \pi) \pmod{2\pi}, \\ 0 & \text{für } x \equiv 0 \pmod{\pi}, \\ -1 & \text{für } x \in (\pi, 2\pi) \pmod{2\pi}. \end{cases}$$

$$\begin{aligned} F_5 f(x) &= \frac{4}{\pi}\left(\sin x + \frac{\sin 3x}{3} + \frac{\sin 5x}{5}\right) \\ F_7 f(x) &= \frac{4}{\pi}\left(\sin x + \frac{\sin 3x}{3} + \frac{\sin 5x}{5} + \frac{\sin 7x}{7}\right) \\ F_9 f(x) &= F_7 f(x) + \frac{4}{\pi}\frac{\sin 9x}{9} \end{aligned}$$

Abbildung 1.4: Skizze von $F_5 f$, $F_7 f$ und $F_9 f$

Zu Aufgabe 1.3.2

Die Aussage folgt sofort aus der Tatsache, daß für $x \in B_a \setminus \{0\}$ das zugehörige normierte Element $\frac{x}{\|x\|_a}$ die $\|\cdot\|_a$-Norm 1 hat,

$$\left\|\frac{x}{\|x\|_a}\right\|_a = 1 \; ,$$

und somit aufgrund der absoluten Homogenität der $\|\cdot\|_b$-Norm und der Linearität von T

$$\frac{\|Tx\|_b}{\|x\|_a} = \left\|\frac{1}{\|x\|_a}Tx\right\|_b = \left\|T\left(\frac{x}{\|x\|_a}\right)\right\|_b$$

gilt.

Zu Aufgabe 1.3.9

Wie in Satz 1.3.8 genügt es, den Fall $[a,b] = [0, 2\pi]$ zu betrachten. Wegen

$$c_k(f) + c_{-k}(f) = \frac{1}{\pi} \int_0^{2\pi} f(t) \cos kt \, dt$$

und

$$c_k(f) - c_{-k}(f) = -\frac{i}{\pi} \int_0^{2\pi} f(t) \sin kt \, dt$$

folgt damit die Behauptung mit Satz 1.3.8.

Zu Aufgabe 1.5.4

Im Fall $\alpha = 1$ gibt es ein $M > 0$, so daß $f^{(m)}$ für alle $x, y \in \mathbb{R}$ der Bedingung

$$|f^{(m)}(x) - f^{(m)}(y)| \leq M|x - y|$$

genügt. Insbesondere ist $f^{(m)}$ also absolut stetig, so daß das partielle Integrationsargument aus dem Beweis von Satz 1.5.3 noch einmal angewandt werden darf, d.h. wir haben für $k \in \mathbb{Z} \setminus \{0\}$

$$c_k(f) = \frac{1}{2\pi}(ik)^{-m-1} \int_0^{2\pi} f^{(m+1)}(t) e^{-ikt} dt \; .$$

1.6 Lösungshinweise zu den Übungsaufgaben

Da aufgrund des Riemann-Lebesgue-Theorems 1.3.8 (Man beachte: $f^{(m+1)} \in L_1^{2\pi}$)

$$\lim_{|k| \to \infty} \int_0^{2\pi} f^{(m+1)} e^{-ikt} dt = 0$$

gilt, folgt insgesamt wie behauptet

$$c_k(f) = o(|k|^{-m-1}) \qquad (k \to \pm\infty) \ .$$

Kapitel 2

Fourier-Integrale

2.1 Einleitung

Bei der Annahme eines in der Zeit periodischen Signals handelt es sich natürlich in der Regel um eine Idealisierung: In der Praxis beginnen Signale zu einem Zeitpunkt t_o und enden nach einer gewissen Zeit, sind also i.a. nichtperiodisch. Die Frage, die sich damit stellt, lautet: In welchem Sinne läßt sich das für periodische Information entwickelte Konzept der Fourier-Analyse bzw. -Synthese auf die nichtperiodische Situation übertragen? Die Antwort liegt im wesentlichen im Übergang vom primär *diskreten* Analyse-/Synthese-Ansatz zu einem mehr *kontinuierlichen* Konzept, d.h. der "unendlich langen Periode" wird dadurch Rechnung getragen, daß man nicht nur ein *diskretes* Spektrum über $\mathbb{Z}$ zur Beschreibung heranzieht, sondern die in der Länge der unendlichen Periode enthaltene Information unter Annahme eines *kontinuierlichen* Spektrums über $\mathbb{R}$ zu analysieren versucht. Im mathematischen Sinne bedeutet dies, daß von den diskreten *Fourier-Koeffizienten* $c_k(f)$ ($f : \mathbb{R} \to \mathbb{C}$ hier 2π-periodisch),

$$c_k(f) := \frac{1}{2\pi} \int_o^{2\pi} f(t)e^{-ikt}dt \ , \ k \in \mathbb{Z} \ ,$$

zu "kontinuierlichen Koeffizienten", der sogenannten *Fourier-Transformierten* (oder – allgemeiner – dem *Fourier-Integral*) von f ($f : \mathbb{R} \to \mathbb{C}$ hier nichtperiodisch),

$$f^\wedge(x) := \int_{-\infty}^{\infty} f(t)e^{-ixt}dt \ , \ x \in \mathbb{R} \ ,$$

übergegangen werden muß. Entsprechend läßt sich natürlich eine Rekonstruktion der Ausgangsinformation nicht wie im periodischen Fall mittels der diskreten *Fourier-Reihe* Ff,

$$Ff(x) := \sum_{k=-\infty}^{\infty} c_k(f)e^{ikx} \ , \ x \in \mathbb{R} \ ,$$

2.1 Einleitung

realisieren, sondern – der kontinuierlichen Analyse-Information angepaßt – bestenfalls mit einem integralen Konzept, der sogenannten *Fourier-Inversionsformel* $\hat{F}f$,

$$\hat{F}f(x) := \frac{1}{2\pi} \int_{-\infty}^{\infty} f^\wedge(t) e^{ixt} dt \ , \quad x \in I\!R \ ,$$

angehen. Man beachte, daß sich sowohl die Fourier-Transformierte als auch die Fourier-Inversionsformel unter dem als Titel des Kapitels gewählten Oberbegriff "Fourier-Integrale" subsumieren lassen. Nach dieser ersten Motivation kommen wir nun zu den Inhalten der einzelnen Abschnitte.

In Abschnitt 2.2 betrachten wir die Fourier-Transformierte $f^\wedge$ sowie die Fourier-Inversionsformel $\hat{F}f$ zunächst für Funktionen f, die auf ganz $I\!R$ absolut und quadratisch integrierbar sind (kurz: $f \in L_1(I\!R) \cap L_2(I\!R)$). Wir zeigen, daß die Fourier-Transformierte als Operator von $L_1(I\!R) \cap L_2(I\!R)$ eindeutig auf $L_2(I\!R)$ fortsetzbar ist. Damit ist die Fourier-Transformierte aber wieder in kanonischer Weise auf dem Hilbert-Raum $L_2(I\!R)$ definiert, so daß wir – wie im periodischen Fall – auch hier starke Strukturaussagen machen können. Stichwortartig seien genannt: Parsevalsche Gleichung, Inversionssatz, Plancherel-Theorem.

Abschnitt 2.3 beschäftigt sich dann mit der Frage der lokalen Gültigkeit der Fourier-Inversionsformel für (stetige) integrierbare Funktionen. Zunächst zeigen wir, daß nicht für jedes $f \in L_1(I\!R)$ die Fourier-Inversionsformel lokal gültig ist. Gehen wir jedoch von einer stetigen Funktion f aus und setzen außer für f auch für $f^\wedge$ die Zugehörigkeit zum Raum der $L_1(I\!R)$-Funktionen voraus, also $f, f^\wedge \in C(I\!R) \cap L_1(I\!R)$, dann läßt sich die Gültigkeit der Fourier-Inversionsformel für alle $x \in I\!R$ bestätigen.

Der folgende Abschnitt 2.4 liefert quantitative Aussagen über den Zusammenhang zwischen der Glattheit von f einerseits und der Asymptotik von $f^\wedge$ andererseits. Qualitativ werden die Resultate wieder zeigen, daß $f^\wedge$ für betragsmäßig wachsende Argumente asymptotisch um so schneller gegen Null konvergiert, je höher die Glattheits- bzw. Differenzierbarkeitsordnung von f ist.

Im letzten Abschnitt 2.5 gehen wir der Frage nach, ob und – wenn ja – in welcher Form es einen nicht nur phänomenologisch sondern auch streng mathematisch faßbaren Zusammenhang zwischen Fourier-Reihen einerseits und Fourier-Integralen andererseits gibt. Mit der Poissonschen Summenformel sowie dem in der Literatur häufig mit den Namen Whittaker, Shannon und Kotelnikov verbundenen Abtasttheorem werden wir zwei Resultate herleiten, die diesen Zusammenhang offenlegen bzw. wesentlich ausnutzen.

2.2 Fourier-Integrale quadratintegrabler Funktionen – Der Hilbert-Raum-Aspekt –

Wir erinnern uns, daß im 2π-periodischen Fall die Inklusion $L_2^{2\pi} \subset L_1^{2\pi}$ den angenehmen Umstand mit sich brachte, daß alle Aussagen für $L_1^{2\pi}$-Funktionen unmittelbar auch für die quadratintegrablen $L_2^{2\pi}$-Funktionen Gültigkeit hatten. Dies ist im nichtperiodischen bzw. nichtkompakten Fall leider nicht mehr so! Es gibt nämlich sowohl über $I\!R$ integrierbare Funktionen, die nicht quadratintegrabel sind, als auch – umgekehrt – über $I\!R$ quadratintegrierbare Funktionen, die nicht absolut integrierbar sind. Diese Tatsache verkompliziert die Untersuchung der Fourier-Integrale ganz erheblich und bedingt eine noch sorgfältigere Analyse ihrer Basiseigenschaften. Wir beginnen mit einigen grundlegenden Definitionen.

Es bezeichne $L_1(I\!R)$ den Raum der auf $I\!R$ erklärten komplexwertigen Lebesgueintegrierbaren Funktionen. Auf diesem Raum ist in Analogie zu den Fourier-Koeffizienten die sogenannte *Fourier-Transformierte* (oder – allgemeiner – das *Fourier-Integral*) erklärt gemäß

$$f^\wedge(x) := \int_{-\infty}^{\infty} f(t)e^{-ixt}dt \quad , \quad x \in I\!R \quad , \quad f \in L_1(I\!R) \quad ,$$

die – wie im 2π-periodischen Fall – wegen

$$|f(t)e^{-ixt}| \leq |f(t)| \quad , \quad x,t \in I\!R \quad ,$$

für alle $x \in I\!R$ wohldefiniert ist. Desweiteren ist entsprechend der Fourier-Reihe unter der Voraussetzung $f^\wedge \in L_1(I\!R)$ ein anderes Fourier-Integral, das sogenannte *Fourier-Inversionsintegral* (bzw. die sogenannte *Fourier-Inversionsformel*) von f definiert als

$$\hat{F}f(x) := \frac{1}{2\pi} \int_{-\infty}^{\infty} f^\wedge(t)e^{ixt}dt \quad , \quad x \in I\!R \quad , \quad f^\wedge \in L_1(I\!R) \quad .$$

Dieses Integral kann man sich nun wieder in Analogie zu den Fourier-Summen entstanden denken als symmetrischen Grenzwert der n-ten *Fourier-Inversionsintegrale* von f über jeweils endliche Integrationsintervalle, konkret

$$\hat{F}_n f(x) := \frac{1}{2\pi} \int_{-n}^{n} f^\wedge(t)e^{ixt}dt \quad , \quad x \in I\!R \quad , \quad f^\wedge \in L_1(I\!R) \quad , \quad n \in I\!N_o \quad .$$

Ehe wir der Frage nachgehen, wann und in welchem Sinne $f = \lim_{n\to\infty} \hat{F}_n f = \hat{F}f$ gilt, halten wir zunächst einige grundlegende Eigenschaften der Fourier-Integrale obigen Typs fest. Dabei reicht es natürlich, sich auf eines der Integrale zu beziehen, da alle drei Typen demselben integralen Konstruktionsprinzip genügen. Wir formulieren die zentralen "Rechenregeln" im Rahmen der folgenden Aufgabe exemplarisch für die Fourier-Transformierte.

2.2 Fourier-Integrale quadratintegrabler Funktionen

2.2.1 Aufgabe

Zeigen Sie:

1. $(\alpha f + \beta g)^\wedge(x) = \alpha f^\wedge(x) + \beta g^\wedge(x)$, $x \in \mathbb{R}$, $f, g \in L_1(\mathbb{R})$, $\alpha, \beta \in \mathbb{C}$,

2. $\overline{f^\wedge(x)} = \overline{f}^\wedge(-x)$, $x \in \mathbb{R}$, $f \in L_1(\mathbb{R})$,

3. $(\operatorname{Re} f)^\wedge(x) = \frac{1}{2}(f^\wedge(x) + \overline{f^\wedge(-x)})$, $x \in \mathbb{R}$, $f \in L_1(\mathbb{R})$,

4. $(\operatorname{Im} f)^\wedge(x) = \frac{1}{2i}(f^\wedge(x) - \overline{f^\wedge(-x)})$, $x \in \mathbb{R}$, $f \in L_1(\mathbb{R})$,

5. $\operatorname{Re} f^\wedge(x) = \int_{-\infty}^{\infty} \operatorname{Re} f(t) \cos xt\, dt + \int_{-\infty}^{\infty} \operatorname{Im} f(t) \sin xt\, dt$,
   $x \in \mathbb{R}$, $f \in L_1(\mathbb{R})$,

6. $\operatorname{Im} f^\wedge(x) = -\int_{-\infty}^{\infty} \operatorname{Re} f(t) \sin xt\, dt + \int_{-\infty}^{\infty} \operatorname{Im} f(t) \cos xt\, dt$,
   $x \in \mathbb{R}$, $f \in L_1(\mathbb{R})$,

7. Für $f \in L_1(\mathbb{R})$ folgt aus $f^\wedge(x) = 0$, $x \in \mathbb{R}$, sofort
   $(\operatorname{Re} f)^\wedge(x) = (\operatorname{Im} f)^\wedge(x) = 0$, $x \in \mathbb{R}$,

8. Für $f \in L_1(\mathbb{R})$ ist $f^\wedge$ stetig auf $\mathbb{R}$, kurz: $f^\wedge \in C(\mathbb{R})$,

9. Für $f \in L_1(\mathbb{R})$ ist $f^\wedge$ beschränkt auf $\mathbb{R}$.

Neben den in Aufgabe 2.2.1 festgehaltenen elementaren Rechenregeln für Fourier-Integrale kommt dem sogenannten (kontinuierlichen) *Faltungsprodukt* auf $L_1(\mathbb{R}) \times L_1(\mathbb{R})$ in diesem Zusammenhang eine zentrale Rolle zu.

2.2.2 Definition und Satz (Faltungsprodukt auf $L_1(\mathbb{R})$)

Es seien $f, g \in L_1(\mathbb{R})$ beliebig gegeben. Dann ist das (kontinuierliche) Faltungsprodukt von f und g,

$$(f * g)(x) := \int_{-\infty}^{\infty} f(x-t)g(t)dt \ ,$$

für fast alle $x \in \mathbb{R}$ wohldefiniert. Darüber hinaus gilt $f * g \in L_1(\mathbb{R})$ und

$$\int_{-\infty}^{\infty} (f*g)(t)dt = \int_{-\infty}^{\infty} f(t)dt \cdot \int_{-\infty}^{\infty} g(t)dt \ ,$$

$$\int_{-\infty}^{\infty} |(f*g)(t)|dt \leq \int_{-\infty}^{\infty} |f(t)|dt \cdot \int_{-\infty}^{\infty} |g(t)|dt \ .$$

Beweis:
Wir betrachten die Funktion $\phi : I\!\!R^2 \to C$,

$$\phi(x,t) := f(x-t)g(t) \quad, \quad (x,t) \in I\!\!R^2 \quad,$$

und zeigen in einem ersten Schritt, daß ϕ meßbar bezüglich des zweidimensionalen Lebesgue-Maßes ist. Da g als rein univariate $L_1(I\!\!R)$-Funktion trivialerweise auch im zweidimensionalen Lebesgueschen Sinne meßbar ist, reduziert sich die Aufgabe – da das Produkt zweier meßbarer Funktionen wieder meßbar ist – auf den Nachweis der Meßbarkeit von $\varphi : I\!\!R^2 \to C$,

$$\varphi(x,t) := f(x-t) \quad, \quad (x,t) \in I\!\!R^2 \quad.$$

Dazu betrachten wir die lineare bijektive Abbildung $T : I\!\!R^2 \to I\!\!R^2$,

$$T(x,t) := \left(\frac{1}{2}x + \frac{1}{2}t, \frac{1}{2}x - \frac{1}{2}t\right) \quad, \quad (x,t) \in I\!\!R^2 \quad,$$

sowie ihre Inverse

$$T^{-1}(x,t) = (x+t, x-t) \quad, \quad (x,t) \in I\!\!R^2 \quad.$$

Offensichtlich ist $\varphi \circ T : I\!\!R^2 \to C$,

$$(\varphi \circ T)(x,t) = f(t) \quad, \quad (x,t) \in I\!\!R^2 \quad,$$

als univariate $L_1(I\!\!R)$-Funktion auch wieder $(dx\,dt)$-meßbar. Da die Verkettung einer meßbaren Funktion mit einer linearen bijektiven Abbildung die Meßbarkeit der Funktion erhält, ist damit aber auch

$$\varphi = \varphi \circ T \circ T^{-1}$$

meßbar. Insgesamt ist damit die Meßbarkeit von ϕ im zweidimensionalen Lebesgueschen Sinne nachgewiesen. Da ferner

$$\int_{-\infty}^{\infty}\left(\int_{-\infty}^{\infty} |\phi(x,t)|dx\right) dt = \int_{-\infty}^{\infty}\left(\int_{-\infty}^{\infty} |f(x-t)g(t)|dx\right) dt$$

$$= \int_{-\infty}^{\infty}\left(\int_{-\infty}^{\infty} |f(x)||g(t)|dx\right) dt$$

$$= \int_{-\infty}^{\infty} |f(x)|dx \cdot \int_{-\infty}^{\infty} |g(t)|dt < \infty$$

gilt, ist auf ϕ der Satz von Fubini bzw. Tonelli anwendbar. Daraus folgt sofort, daß $f * g$ wegen

2.2 Fourier-Integrale quadratintegrabler Funktionen

$$(f * g)(x) = \int_{-\infty}^{\infty} \phi(x,t) dt$$

für fast alle $x \in \mathbb{R}$ existiert, aus $L_1(\mathbb{R})$ ist und der Identität

$$\int_{-\infty}^{\infty} (f * g)(t) dt = \int_{-\infty}^{\infty} f(t) dt \cdot \int_{-\infty}^{\infty} g(t) dt$$

genügt. Die Ungleichung

$$\int_{-\infty}^{\infty} |(f * g)(t)| dt \leq \int_{-\infty}^{\infty} |f(t)| dt \cdot \int_{-\infty}^{\infty} |g(t)| dt$$

folgt analog unter Ausnutzung von $|f * g| \leq |f| * |g|$.

□

2.2.3 Satz (Faltungssatz für die Fourier-Transformation)

Es seien $f, g \in L_1(\mathbb{R})$ beliebig gegeben. Dann gilt

$$(f * g)^\wedge(x) = f^\wedge(x) \cdot g^\wedge(x) \ , \ x \in \mathbb{R} \ .$$

Beweis:
Mit Definition und Satz 2.2.2 erhalten wir unter Ausnutzung des bereits im obigen Beweis benutzten Fubini/Tonelli-Arguments für alle $x \in \mathbb{R}$:

$$\begin{aligned}
(f * g)^\wedge(x) &= \int_{-\infty}^{\infty} \left(\int_{-\infty}^{\infty} f(\xi - t) g(t) dt \right) e^{-ix\xi} d\xi \\
&= \int_{-\infty}^{\infty} \left(\int_{-\infty}^{\infty} f(\xi - t) e^{-ix\xi} d\xi \right) g(t) dt \\
&= \int_{-\infty}^{\infty} \left(\int_{-\infty}^{\infty} f(\tau) e^{-ix\tau - ixt} d\tau \right) g(t) dt \\
&= \left(\int_{-\infty}^{\infty} f(\tau) e^{-ix\tau} d\tau \right) \left(\int_{-\infty}^{\infty} g(t) e^{-ixt} dt \right) \\
&= f^\wedge(x) \cdot g^\wedge(x) \ .
\end{aligned}$$

□

Der obige Satz besagt, daß die Fourier-Transformierte des Faltungsprodukts zweier $L_1(I\!R)$-Funktionen als Produkt der einzelnen Fourier-Transformierten berechenbar ist. Wir werden auf dieses wichtige Resultat an verschiedenen Stellen des Buches zurückgreifen. Zunächst jedoch müssen wir ein letztes rein integrationstheoretisches Resultat bereitstellen.

2.2.4 Satz

Es sei $f \in L_1(I\!R)$ beliebig gegeben. Dann ist die Funktion F,

$$F: I\!R \to I\!R \ ,$$

$$t \mapsto \int_{-\infty}^{\infty} |f(x+t) - f(x)| dx \ ,$$

gleichmäßig stetig und beschränkt auf $I\!R$. Insbesondere gilt also

$$\lim_{t \to o} F(t) = \lim_{t \to o} \int_{-\infty}^{\infty} |f(x+t) - f(x)| dx = F(0) = 0 \ .$$

Beweis:
Zunächst folgt die Beschränktheit von F aus der für alle $t \in I\!R$ geltenden Abschätzung

$$|F(t)| \leq \int_{-\infty}^{\infty} |f(x+t)| dx + \int_{-\infty}^{\infty} |f(x)| dx = 2 \int_{-\infty}^{\infty} |f(x)| dx \ .$$

Zum Nachweis der gleichmäßigen Stetigkeit von F sei $\epsilon > 0$ beliebig gegeben. Da $f \in L_1(I\!R)$ ist, existiert eine stetige Funktion $g : I\!R \to I\!R$ sowie eine Konstante $A > 0$, so daß

1. $g(x) = 0$ für $|x| \geq A$,

2. $\int_{-\infty}^{\infty} |f(x) - g(x)| dx < \epsilon$.

Da g eine stetige Funktion mit kompaktem Träger ist, ist g auch gleichmäßig stetig, d.h. insbesondere, daß ein $\delta \in (0, A)$ existiert, so daß $|s-t| < \frac{\delta}{2}$ die Abschätzung

$$|g(s) - g(t)| < \frac{\epsilon}{3A}$$

impliziert. Daraus folgt aber sofort auch für alle $s, t \in I\!R$ mit $|s - t| < \delta$:

$$\int_{-\infty}^{\infty} |g(x+s) - g(x+t)| dx \leq (2A + \delta)\frac{\epsilon}{3A} < \epsilon \ .$$

2.2 Fourier-Integrale quadratintegrabler Funktionen

Über die inverse Dreiecksungleichung ergibt sich damit für alle $s, t \in \mathbb{R}$ mit $|s-t| < \delta$ die Abschätzung

$$
\begin{aligned}
|F(s) - F(t)| &= \left| \int_{-\infty}^{\infty} |f(x+s) - f(x)| dx - \int_{-\infty}^{\infty} |f(x+t) - f(x)| dx \right| \\
&\leq \int_{-\infty}^{\infty} |f(x+s) - f(x+t)| dx \\
&\leq \int_{-\infty}^{\infty} |f(x+s) - g(x+s)| dx + \int_{-\infty}^{\infty} |g(x+s) - g(x+t)| dx \\
&\quad + \int_{-\infty}^{\infty} |g(x+t) - f(x+t)| dx \\
&= 2 \int_{-\infty}^{\infty} |f(x) - g(x)| dx + \int_{-\infty}^{\infty} |g(x+s) - g(x+t)| dx \\
&< 3\epsilon \ .
\end{aligned}
$$

Da $\epsilon > 0$ beliebig vorgegeben war, folgt daraus die Behauptung.

$\square$

Als erste kleine Anwendung des obigen Satzes zeigen wir in Analogie zu Satz 1.3.8 das *Riemann-Lebesgue-Theorem* für die Fourier-Transformierte.

2.2.5 Satz (Riemann-Lebesgue-Theorem)

Es sei $f \in L_1(\mathbb{R})$ beliebig gegeben. Dann gilt

$$\lim_{|x| \to \infty} f^{\wedge}(x) = 0 \ .$$

Beweis:
Wegen $e^{i\pi} = -1$ gilt für alle $x \in \mathbb{R} \setminus \{0\}$:

$$
\begin{aligned}
f^{\wedge}(x) &= \int_{-\infty}^{\infty} f(t) e^{-ixt} dt \\
&= -\int_{-\infty}^{\infty} f(t) e^{-i(xt-\pi)} dt \qquad (t =: \tau + \frac{\pi}{x}) \\
&= -\int_{-\infty}^{\infty} f\left(\tau + \frac{\pi}{x}\right) e^{-ix\tau} d\tau \ .
\end{aligned}
$$

Daraus folgt

$$2|f^\wedge(x)| = \left| \int_{-\infty}^{\infty} f(t)e^{-ixt}dt - \int_{-\infty}^{\infty} f\left(t + \frac{\pi}{x}\right)e^{-ixt}dt \right|$$

$$\leq \int_{-\infty}^{\infty} \left| f\left(t + \frac{\pi}{x}\right) - f(t) \right| dt \ .$$

Da aufgrund von Satz 2.2.4

$$\lim_{|x|\to\infty} \int_{-\infty}^{\infty} \left| f\left(t + \frac{\pi}{x}\right) - f(t) \right| dt = 0$$

gilt, folgt die Behauptung.

□

Die Fourier-Transformierte $f^\wedge$ einer Funktion $f \in L_1(I\!R)$ ist also nicht nur stetig und beschränkt auf $I\!R$, sondern verschwindet darüber hinaus für $|x| \to \infty$. Wir bestätigen dieses Verhalten der Fourier-Transformierten in der folgenden Aufgabe für eine ganz spezielle Funktion, den sogenannten *Picard-Kern*, der unabhängig davon für die weiteren Überlegungen von zentraler Bedeutung sein wird.

2.2.6 Aufgabe

Zeigen Sie, daß für den sogenannten *Picard-Kern* P,

$$P(x) := e^{-|x|} \ , \ x \in I\!R \ ,$$

gilt:

$$P^\wedge(x) = \frac{2}{1+x^2} \ , \ x \in I\!R \ .$$

$P^\wedge$ wird in der Literatur häufig als *Poisson-Kern* bezeichnet.

Für das weitere Vorgehen ist es zweckmäßig, die folgende Abkürzung einzuführen: Wir nennen die Funktionenfamilie $(p_\lambda)_{\lambda>0}$,

$$p_\lambda(x) := \frac{1}{2\pi}\lambda^{-1}P^\wedge\left(\frac{x}{\lambda}\right) = \frac{1}{\pi}\frac{\lambda}{\lambda^2 + x^2} \ , \ x \in I\!R \ , \ \lambda > 0 \ ,$$

die *Familie der normierten Poisson-Kerne*. Die Kerne werden deshalb als normiert bezeichnet, weil für alle $\lambda > 0$ gilt

$$\int_{-\infty}^{\infty} p_\lambda(x)dx = \frac{1}{\pi}\int_{-\infty}^{\infty}\frac{\lambda}{\lambda^2+x^2}dx = \frac{1}{\pi}\int_{-\infty}^{\infty}\frac{1}{1+x^2}dx = 1 \ .$$

Die Familie der normierten Poisson-Kerne besitzt eine Reihe interessanter Eigenschaften, die wir in den folgenden drei Sätzen festhalten werden.

2.2 Fourier-Integrale quadratintegrabler Funktionen

2.2.7 Satz (Faltung mit Poisson-Kernen)

Es sei $f \in L_1(I\!R)$ beliebig gegeben. Dann gilt für alle $\lambda > 0$ und alle $x \in I\!R$

$$(f * p_\lambda)(x) = \frac{1}{2\pi} \int_{-\infty}^{\infty} P(\lambda t) f^\wedge(t) e^{ixt} dt \ .$$

Beweis:
Da die Funktion $\phi_{\lambda,x} : I\!R^2 \to C$,

$$\phi_{\lambda,x}(\xi,t) := f(x+\xi) P(\lambda t) e^{it\xi} \ , \quad (t,\xi) \in I\!R^2 \ ,$$

im zweidimensionalen Sinne Lebesgue-meßbar ist ($\lambda > 0$, $x \in I\!R$ fest), erhält man wie im Beweis von 2.2.2 über das Fubini/Tonelli-Argument:

$$\begin{aligned}
(f * p_\lambda)(x) &= \int_{-\infty}^{\infty} f(x-\xi) p_\lambda(\xi) d\xi \\
&= \int_{-\infty}^{\infty} f(x-\xi) \frac{1}{2\pi} \lambda^{-1} P^\wedge\left(\frac{\xi}{\lambda}\right) d\xi \\
&= \int_{-\infty}^{\infty} f(x+\xi) \frac{1}{2\pi} \lambda^{-1} P^\wedge\left(\frac{\xi}{\lambda}\right) d\xi \\
&= \int_{-\infty}^{\infty} f(x+\xi) \frac{1}{2\pi} \lambda^{-1} \left(\int_{-\infty}^{\infty} P(t) e^{-i\frac{\xi}{\lambda}t} dt\right) d\xi \\
&= \int_{-\infty}^{\infty} f(x+\xi) \frac{1}{2\pi} \left(\int_{-\infty}^{\infty} P(\lambda t) e^{-i\xi t} dt\right) d\xi \\
&= \frac{1}{2\pi} \int_{-\infty}^{\infty} P(\lambda t) \left(\int_{-\infty}^{\infty} f(x+\xi) e^{-i\xi t} d\xi\right) dt \quad\quad (x+\xi =: \tau) \\
&= \frac{1}{2\pi} \int_{-\infty}^{\infty} P(\lambda t) \left(\int_{-\infty}^{\infty} f(\tau) e^{-i\tau t + ixt} d\tau\right) dt \\
&= \frac{1}{2\pi} \int_{-\infty}^{\infty} P(\lambda t) f^\wedge(t) e^{ixt} dt \ .
\end{aligned}$$

□

2.2.8 Satz (Lokale Rekonstruktion mit Poisson-Kernen)

Es sei $g : \mathbb{R} \to \mathbb{C}$ beschränkt und Lebesgue-meßbar auf $\mathbb{R}$ sowie stetig im Punkt $x_o \in \mathbb{R}$. Dann existiert das Faltungsprodukt $g * p_\lambda$ für alle $\lambda > 0$, und speziell für $x = x_o$ gilt

$$\lim_{\lambda \to 0+} (g * p_\lambda)(x_o) = g(x_o) \ .$$

Beweis:
Für festes $\lambda > 0$ und $x \in \mathbb{R}$ ist die Funktion $\phi_{\lambda,x}$,

$$\phi_{\lambda,x}(t) := g(x-t) p_\lambda(t) \ , \quad t \in \mathbb{R} \ ,$$

offenbar meßbar und wegen

$$|g(x-t) p_\lambda(t)| \leq \sup_{\xi \in \mathbb{R}} |g(\xi)| \cdot p_\lambda(t)$$

auch integrierbar über $\mathbb{R}$. Also ist das Faltungsprodukt $g * p_\lambda$ stets wohldefiniert. Für $x = x_o$ erhalten wir ferner wegen

$$\int_{-\infty}^{\infty} p_\lambda(t) dt = 1 \ , \quad \lambda > 0 \ ,$$

die Identität

$$(g * p_\lambda)(x_o) - g(x_o) = \int_{-\infty}^{\infty} g(x_o - t) p_\lambda(t) dt - \int_{-\infty}^{\infty} g(x_o) p_\lambda(t) dt$$

$$= \int_{-\infty}^{\infty} (g(x_o - t) - g(x_o)) \left(\frac{1}{\pi} \frac{\lambda}{\lambda^2 + t^2} \right) dt \qquad (t =: \lambda \tau)$$

$$= \int_{-\infty}^{\infty} (g(x_o - \lambda\tau) - g(x_o)) \frac{1}{\pi} \frac{1}{1+\tau^2} d\tau \ .$$

Der letzte Integrand ist punktweise beschränkt durch

$$\frac{2}{\pi} \sup_{\xi \in \mathbb{R}} |g(\xi)| \frac{1}{1+\tau^2}$$

und konvergiert aufgrund der Stetigkeit von g in x_o für alle $\tau \in \mathbb{R}$ punktweise gegen Null, falls $\lambda \to 0+$. Das Lebesguesche Theorem über die majorisierte Konvergenz liefert somit

$$\lim_{\lambda \to 0+} ((g * p_\lambda)(x_o) - g(x_o)) = 0 \ .$$

□

2.2 Fourier-Integrale quadratintegrabler Funktionen

Der obige Satz besagt – unter entsprechend starken Voraussetzungen an g –, daß $g * p_\lambda$ für $\lambda \to 0+$ die Funktion g punktweise reproduziert. Eine entsprechende Aussage läßt sich unter wesentlich schwächeren Voraussetzungen formulieren, wenn man die Reproduktion von g nicht punktweise, sondern lediglich im $L_1(\mathbb{R})$-Sinne erreichen will.

2.2.9 Satz ($L_1(\mathbb{R})$-Rekonstruktion mit Poisson-Kernen)

Es sei $f \in L_1(\mathbb{R})$ beliebig gegeben. Dann gilt

$$\lim_{\lambda \to 0+} \int_{-\infty}^{\infty} |(f * p_\lambda)(x) - f(x)| dx = 0 \ .$$

Beweis:
Wie im Beweis von Satz 2.2.8 erhalten wir zunächst für alle $\lambda > 0$ und alle $x \in \mathbb{R}$

$$(f * p_\lambda)(x) - f(x) = \int_{-\infty}^{\infty} (f(x-t) - f(x)) \left(\frac{1}{\pi} \frac{\lambda}{\lambda^2 + t^2}\right) dt \ .$$

Betragsbildung, Dreiecksungleichung, Integration sowie das übliche Fubini/Tonelli-Argument ergeben weiter

$$\int_{-\infty}^{\infty} |(f * p_\lambda)(x) - f(x)| dx \leq \int_{-\infty}^{\infty} \left(\int_{-\infty}^{\infty} |f(x-t) - f(x)| dx\right) \frac{1}{\pi} \frac{\lambda}{\lambda^2 + t^2} dt$$

$$= \int_{-\infty}^{\infty} \left(\int_{-\infty}^{\infty} |f(x-t) - f(x)| dx\right) p_\lambda(t) dt \ .$$

Da die Funktion $F : \mathbb{R} \to \mathbb{R}$,

$$F(t) := \int_{-\infty}^{\infty} |f(x-t) - f(x)| dx \ ,$$

nach Satz 2.2.4 gleichmäßig stetig und beschränkt auf $\mathbb{R}$ ist und insbesondere $F(0) = 0$ erfüllt, erhalten wir mit Satz 2.2.8 angewandt auf F in 0 :

$$\lim_{\lambda \to 0+} \int_{-\infty}^{\infty} \left(\int_{-\infty}^{\infty} |f(x-t) - f(x)| dx\right) p_\lambda(t) dt$$

$$= \lim_{\lambda \to 0+} \int_{-\infty}^{\infty} F(0-t) p_\lambda(t) dt$$

$$= \lim_{\lambda \to 0+} (F * p_\lambda)(0)$$

$$= F(0) = 0 \ ,$$

also insgesamt wie behauptet

$$\lim_{\lambda \to 0+} \int_{-\infty}^{\infty} |(f * p_\lambda)(x) - f(x)| dx = 0 \; .$$

□

Mit Hilfe der bisherigen Resultate sind wir nun in der Lage, eine beliebige Funktion $f \in L_1(\mathbb{R})$ im $L_1(\mathbb{R})$-Sinne aus $f^\wedge$ zu rekonstruieren. Wir erhalten also als erstes – unvollkommenes – Inversionsresultat den folgenden Satz.

2.2.10 Satz (Vorläufiger $L_1(\mathbb{R})$-Inversionssatz)

Es sei $f \in L_1(\mathbb{R})$ beliebig gegeben. Dann gilt

$$\lim_{\lambda \to 0+} \int_{-\infty}^{\infty} \left| \frac{1}{2\pi} \int_{-\infty}^{\infty} P(\lambda t) f^\wedge(t) e^{ixt} dt - f(x) \right| dx = 0 \; .$$

Beweis:
Mit den Sätzen 2.2.7 und 2.2.9 erhalten wir sofort

$$\lim_{\lambda \to 0+} \int_{-\infty}^{\infty} \left| \frac{1}{2\pi} \int_{-\infty}^{\infty} P(\lambda t) f^\wedge(t) e^{ixt} dt - f(x) \right| dx$$
$$= \lim_{\lambda \to 0+} \int_{-\infty}^{\infty} |(f * p_\lambda)(x) - f(x)| dx = 0 \; .$$

□

Nach diesen leider etwas aufwendigen, aber unvermeidbaren Vorüberlegungen können wir nun in Analogie zum Vollständigkeitssatz 1.2.11 sowie zum Identitätssatz 1.2.12 für die Fourier-Koeffizienten die folgenden Eindeutigkeitsresultate für die Fourier-Transformation formulieren.

2.2.11 Satz (Vollständigkeitseigenschaft der Fourier-Transformation)

Es sei $f \in L_1(\mathbb{R})$ beliebig gegeben. Dann folgt aus

$$f^\wedge(x) = 0 \; , \quad x \in \mathbb{R} \; ,$$

daß $f(x) = 0$ für fast alle $x \in \mathbb{R}$ gilt.

2.2 Fourier-Integrale quadratintegrabler Funktionen 73

Beweis:
Wegen $f^\wedge(x) = 0$ für alle $x \in \mathbb{R}$ ergibt sich mit Satz 2.2.10

$$\int_{-\infty}^{\infty} |f(x)|dx = 0 \ .$$

Daraus folgt jedoch unmittelbar die Behauptung.

□

2.2.12 Satz (Identitätssatz für Fourier-Transformierte)

Es seien $f, g \in L_1(\mathbb{R})$ zwei Funktionen mit

$$f^\wedge(x) = g^\wedge(x) \ , \quad x \in \mathbb{R} \ .$$

Dann gilt für fast alle $x \in \mathbb{R}$

$$f(x) = g(x) \ .$$

Beweis:
Wir definieren basierend auf f und g zunächst die Differenzfunktion d gemäß

$$d := f - g \ .$$

Da die Fourier-Transformierten von f und g identisch sind, ergibt sich für die Fourier-Transformierte ihrer Differenz

$$d^\wedge(x) = f^\wedge(x) - g^\wedge(x) = 0 \ , \quad x \in \mathbb{R} \ .$$

Wendet man nun Satz 2.2.11 auf d an, so ergibt sich unmittelbar die Behauptung.

□

Nachdem nun die Fourier-Transformation auf dem Raum $L_1(\mathbb{R})$ hinreichend genau untersucht ist (bis auf ein befriedigendes Inversionsresultat, welches wir in Abschnitt 2.3 herleiten werden), können wir uns nun dem eigentlich zentralen Problem dieses Abschnitts zuwenden, nämlich der Fourier-Transformation quadratintegrabler Funktionen. Wir beginnen mit einer formalen Definition des Raumes $L_2(\mathbb{R})$.

2.2.13 Definition und Satz (Der Hilbert-Raum $L_2(\mathbb{R})$)

Wir bezeichnen den Raum der komplexwertigen absolut quadratintegrablen Funktionen mit $L_2(\mathbb{R})$,

$$L_2(\mathbb{R}) := \left\{ f : \mathbb{R} \to \mathbb{C} \mid f \text{ meßbar und } \int_{-\infty}^{\infty} |f(t)|^2 dt < \infty \right\},$$

wobei wir in diesem Kontext wie üblich zwei Funktionen als identisch ansehen, wenn sie im Lebesgueschen Sinne fast überall gleich sind. Mit der durch das wie folgt definierte Skalarprodukt $\langle \cdot, \cdot \rangle$,

$$\langle f, g \rangle := \int_{-\infty}^{\infty} f(t)\overline{g(t)} dt \quad , \quad f, g \in L_2(\mathbb{R}) \quad ,$$

induzierten Norm $\| \cdot \|_2$,

$$\|f\|_2 := \sqrt{\langle f, f \rangle} = \sqrt{\int_{-\infty}^{\infty} |f(t)|^2 dt} \quad , \quad f \in L_2(\mathbb{R}) \quad ,$$

wird $L_2(\mathbb{R})$ ein vollständiger normierter linearer Raum über $\mathbb{C}$, also ein Hilbert-Raum. In diesem Hilbert-Raum ist insbesondere die Cauchy-Schwarzsche Ungleichung gültig,

$$|\langle f, g \rangle| \leq \|f\|_2 \|g\|_2 \quad , \quad f, g \in L_2(\mathbb{R}) \quad .$$

2.2.14 Aufgabe

Geben Sie je eine Funktion $f, g : \mathbb{R} \to \mathbb{R}$ an mit

(1) $\quad f \in L_1(\mathbb{R})$ und $f \notin L_2(\mathbb{R})$,

(2) $\quad g \in L_2(\mathbb{R})$ und $g \notin L_1(\mathbb{R})$.

Die obige Aufgabe zeigt, daß im Unterschied zum 2π-periodischen Fall, wo wir die Inklusion $L_2^{2\pi} \subset L_1^{2\pi}$ hatten, im nichtperiodischen Fall weder $L_1(\mathbb{R}) \subset L_2(\mathbb{R})$ noch $L_2(\mathbb{R}) \subset L_1(\mathbb{R})$ gilt. Wir können demnach auch nicht erwarten, daß die Fourier-Transformierte, die ja zunächst nur für $L_1(\mathbb{R})$-Funktionen wohldefiniert ist, ohne Schwierigkeiten auf $L_2(\mathbb{R})$-Funktionen ausgedehnt werden kann. Vielmehr gilt es, sehr behutsam in die $L_2(\mathbb{R})$-Richtung fortzuschreiten. Wir zeigen in einem ersten, jedoch entscheidenden Schritt auf dem Raum $L_1(\mathbb{R}) \cap L_2(\mathbb{R})$ die Gültigkeit der Parsevalschen Gleichung.

2.2.15 Satz (Vorläufige Parsevalsche Gleichung)

Es sei $f \in L_1(\mathbb{R}) \cap L_2(\mathbb{R})$ beliebig gegeben. Dann gilt $f^\wedge \in L_2(\mathbb{R})$ und

$$\|f\|_2^2 = \frac{1}{2\pi}\|f^\wedge\|_2^2 \ .$$

Beweis:
Wir setzen zunächst $f^-(x) := \overline{f(-x)}$, $x \in \mathbb{R}$, sowie $h := f * f^-$. Gemäß Definition und Satz 2.2.2 gilt $h \in L_1(\mathbb{R})$ und damit ist $h^\wedge$ nach Aufgabe 2.2.1 (8. und 9.) stetig und beschränkt auf $\mathbb{R}$. Bemerkenswerterweise ist aber auch h selbst stetig und beschränkt auf $\mathbb{R}$, denn wegen $f, f^- \in L_2(\mathbb{R})$ erhalten wir mit Hilfe der Cauchy-Schwarzschen Ungleichung für alle $x, y \in \mathbb{R}$ die Abschätzung

$$\begin{aligned}
|h(x) - h(y)| &= |(f * f^-)(x) - (f * f^-)(y)| \\
&= \left|\int_{-\infty}^{\infty} f(x-t)f^-(t)dt - \int_{-\infty}^{\infty} f(y-t)f^-(t)dt\right| \\
&= \left|\int_{-\infty}^{\infty} (f(x-t) - f(y-t))\overline{f(-t)}dt\right| \\
&\leq \sqrt{\int_{-\infty}^{\infty} |f(x-t) - f(y-t)|^2 dt} \sqrt{\int_{-\infty}^{\infty} |f(-t)|^2 dt} \\
&= \sqrt{\int_{-\infty}^{\infty} |f(x-y+t) - f(t)|^2 dt} \sqrt{\int_{-\infty}^{\infty} |f(t)|^2 dt} \ .
\end{aligned}$$

Da $f \in L_2(\mathbb{R})$ ist, läßt sich nun in Analogie zu Satz 2.2.4 zeigen, daß die Funktion F,

$$F: \mathbb{R} \to \mathbb{R} \ ,$$

$$\xi \mapsto \int_{-\infty}^{\infty} |f(t+\xi) - f(t)|^2 dt \ ,$$

stetig und beschränkt auf $\mathbb{R}$ ist. Daraus leitet man mit der obigen Ungleichung aber sofort ab, daß auch h stetig und beschränkt auf $\mathbb{R}$ ist.

Wir wenden nun auf h die Sätze 2.2.8 und 2.2.7 im Punkt $x = 0$ an und erhalten

$$h(0) = \lim_{\lambda \to 0+} (h * p_\lambda)(0)$$

$$= \lim_{\lambda \to 0+} \frac{1}{2\pi} \int_{-\infty}^{\infty} P(\lambda t) h^\wedge(t) dt$$

$$= \lim_{\lambda \to 0+} \frac{1}{2\pi} \int_{-\infty}^{\infty} e^{-\lambda|t|} h^\wedge(t) dt \ .$$

Mit Satz 2.2.3 erhalten wir weiter für $h^\wedge$

$$h^\wedge(t) = (f * f^-)^\wedge(t)$$

$$= f^\wedge(t) \cdot (f^-)^\wedge(t)$$

$$= f^\wedge(t) \int_{-\infty}^{\infty} \overline{f(-\xi)} e^{-it\xi} d\xi$$

$$= f^\wedge(t) \overline{\int_{-\infty}^{\infty} f(\xi) e^{-it\xi} d\xi}$$

$$= |f^\wedge(t)|^2 \ , \quad t \in {I\!\!R} \ .$$

Also ist $h^\wedge$ eine auf ${I\!\!R}$ reellwertige nichtnegative Funktion. Wegen

$$\lim_{\lambda \to 0+} e^{-\lambda|t|} = 1 \ , \quad t \in {I\!\!R} \ ,$$

$$e^{-\lambda_1|t|} \leq e^{-\lambda_2|t|} \ , \quad t \in {I\!\!R} \ , \quad \lambda_1 > \lambda_2 \ ,$$

konvergiert also die Funktionenfolge

$$e^{-\lambda|t|} h^\wedge(t) \ , \quad t \in {I\!\!R} \ , \quad \lambda > 0 \ ,$$

für $\lambda \to 0+$ monoton gegen die nichtnegative Funktion $h^\wedge = |f^\wedge|^2$. Der Satz von Levi über die monotone Konvergenz liefert damit

$$h(0) = \lim_{\lambda \to 0+} \frac{1}{2\pi} \int_{-\infty}^{\infty} e^{-\lambda|t|} h^\wedge(t) dt = \frac{1}{2\pi} \int_{-\infty}^{\infty} |f^\wedge(t)|^2 dt \ ,$$

insbesondere also wie behauptet $f^\wedge \in L_2({I\!\!R})$. Zu zeigen bleibt

$$\|f\|_2^2 = \frac{1}{2\pi} \|f^\wedge\|_2^2 \ .$$

Wegen der bereits bewiesenen Identität

2.2 Fourier-Integrale quadratintegrabler Funktionen

$$h(0) = \frac{1}{2\pi} \int_{-\infty}^{\infty} |f^\wedge(t)|^2 dt = \frac{1}{2\pi}\|f^\wedge\|_2^2$$

genügt es zu zeigen, daß

$$h(0) = \|f\|_2^2$$

gilt. Dies folgt jedoch sofort aus

$$\begin{aligned} h(0) &= (f * f^-)(0) \\ &= \int_{-\infty}^{\infty} f(-t)\overline{f(-t)}dt \\ &= \|f\|_2^2 \ . \end{aligned}$$

$\square$

Wir sind nun in der Lage, auf $L_2(I\!R)$ eine Operation zu erklären, die sich als kanonische Fortsetzung der Fourier-Transformation von $L_1(I\!R)$ auf $L_2(I\!R)$ herausstellen wird. Um jedoch nachdrücklich zu betonen, daß es sich zunächst um etwas qualitativ völlig Neues handelt, führen wir vorübergehend eine andere Bezeichnung ein.

2.2.16 Satz und Definition ($L_2(I\!R)$-Fourier-Transformierte)

Es sei $f \in L_2(I\!R)$ beliebig gegeben sowie die Folge $(f_n)_{n \in I\!N_o}$ definiert als

$$f_n(x) := \left\{ \begin{array}{ll} f(x) & , \ |x| \leq n \\ 0 & , \ |x| > n \end{array} \right\} \ , \quad x \in I\!R \ , \quad n \in I\!N_o \ .$$

Dann ist $(f_n^\wedge)_{n \in I\!N_o}$ eine Cauchy-Folge in $L_2(I\!R)$ bezüglich $\|\cdot\|_2$, und wir bezeichnen die im $L_2(I\!R)$-Sinne existierende Funktion aus $L_2(I\!R)$, gegen die die Folge $(f_n^\wedge)_{n \in I\!N_o}$ konvergiert, mit $f^\#$, d.h.,

$$\lim_{n \to \infty} \|f^\# - f_n^\wedge\|_2 = 0 \ .$$

Beweis:
Zunächst ist klar, daß für alle $n \in I\!N_o$ gilt

$$f_n \in L_1(I\!R) \cap L_2(I\!R) \ .$$

Daraus folgt mit Satz 2.2.15 aber auch

und
$$f_n^\wedge \in L_2(I\!R)$$

$$\|f_n\|_2^2 = \frac{1}{2\pi}\|f_n^\wedge\|_2^2 \ , \ n \in I\!N_o \ .$$

Damit erhält man für alle $n > k \geq n_o$ über einfache Linearitätsargumente

$$\begin{aligned}\|f_n^\wedge - f_k^\wedge\|_2^2 &= \|(f_n - f_k)^\wedge\|_2^2 \\ &= 2\pi\|f_n - f_k\|_2^2 \\ &= 2\pi\int_{-n}^{-k}|f(t)|^2 dt + 2\pi\int_k^n |f(t)|^2 dt \ .\end{aligned}$$

Da $f \in L_2(I\!R)$ ist, konvergieren die beiden letzten Integrale wegen $n > k \geq n_o$ für $n_o \to \infty$ gegen Null, d.h. $(f_n^\wedge)_{n\in I\!N_o}$ ist eine Cauchy-Folge in $L_2(I\!R)$. Da $L_2(I\!R)$ vollständig ist bezüglich der $\|\cdot\|_2$-Konvergenz, ist die eindeutige Existenz der Funktion $f^\# \in L_2(I\!R)$ im behaupteten Sinne klar.

□

Die Frage, die sich nun natürlich stellt, lautet: In welchem Zusammenhang stehen $f^\#$ und $f^\wedge$? Diese Frage macht allerdings nur für solche Funktionen f Sinn, für die sowohl $f^\#$ als auch $f^\wedge$ definiert sind, d.h. auf dem Raum $L_1(I\!R) \cap L_2(I\!R)$.

2.2.17 Satz (Verträglichkeit der L_1- und L_2-Fourier-Transformierten)

Es sei $f \in L_1(I\!R) \cap L_2(I\!R)$ beliebig gegeben. Dann gilt für fast alle $x \in I\!R$

$$f^\#(x) = f^\wedge(x) \ .$$

Beweis:
Es möge die Folge $(f_n)_{n\in I\!N_o}$ wie in Satz 2.2.16 definiert sein. Wegen

$$\lim_{n\to\infty}\|f^\# - f_n^\wedge\|_2 = 0$$

liefert die Lebesguesche Integrationstheorie die Existenz einer Teilfolge $(f_{n_k}^\wedge)_{k\in I\!N_o}$ von $(f_n^\wedge)_{n\in I\!N_o}$, so daß für fast alle $x \in I\!R$ gilt

$$\lim_{k\to\infty} f_{n_k}^\wedge(x) = f^\#(x) \ .$$

2.2 Fourier-Integrale quadratintegrabler Funktionen 79

Da andererseits jedoch auch

$$\lim_{k\to\infty} f_{n_k}(x) = f(x) \quad, \quad x \in I\!R \quad,$$

gilt und $f \in L_1(I\!R)$ ist, liefert das Lebesguesche Theorem über die majorisierte Konvergenz für alle $x \in I\!R$:

$$\begin{aligned}
\lim_{k\to\infty} f_{n_k}^\wedge(x) &= \lim_{k\to\infty} \int_{-\infty}^{\infty} f_{n_k}(t) e^{-ixt} dt \\
&= \int_{-\infty}^{\infty} \left(\lim_{k\to\infty} f_{n_k}(t) \right) e^{-ixt} dt \\
&= \int_{-\infty}^{\infty} f(t) e^{-ixt} dt \\
&= f^\wedge(x) \quad.
\end{aligned}$$

Insgesamt folgt damit für fast alle $x \in I\!R$

$$f^\#(x) = f^\wedge(x) \quad.$$

□

2.2.18 Bemerkung (Interpretation der Fourier-Transformierten)

Aufgrund des obigen Satzes ist es nun gestattet, die vorläufige Bezeichnung $f^\#$ wieder fallen zu lassen und durch $f^\wedge$ zu ersetzen, wenn man sich stets genaue Rechenschaft darüber ablegt, in welchem Sinne $f^\wedge$ zu interpretieren ist. Wir halten diesen wichtigen, zum Verständnis der Fourier-Theorie unentbehrlichen Aspekt in folgender übersichtlicher Form fest:

Für $f : I\!R \to C$ verstehen wir unter $f^\wedge$

- im Fall $f \in L_1(I\!R) \setminus L_2(I\!R)$ die übliche punktweise definierte Fourier-Transformierte von f,

$$f^\wedge(x) := \int_{-\infty}^{\infty} f(t) e^{-ixt} dt \quad, \quad x \in I\!R \quad.$$

Insbesondere ist $f^\wedge$ in diesem Fall stetig und beschränkt auf $I\!R$.

- im Fall $f \in L_1(\mathbb{R}) \cap L_2(\mathbb{R})$ ebenfalls die übliche punktweise definierte Fourier-Transformierte von f,

$$f^\wedge(x) := \int_{-\infty}^{\infty} f(t)e^{-ixt}dt \quad, \quad x \in \mathbb{R} \ .$$

Auch hier ist $f^\wedge$ stetig und beschränkt auf $\mathbb{R}$. Die Festlegung ist gemäß Satz 2.2.17 auch unter dem $L_2(\mathbb{R})$-Aspekt gerechtfertigt, denn die (punktweise nur fast überall wohldefinierte) Funktion $f^\#$ stimmt fast überall mit der stetigen und beschränkten Funktion $f^\wedge$ überein, m.a.W., $f^\wedge$ ist der ausgezeichnete stetige Repräsentant in der $L_2(\mathbb{R})$-Äquivalenzklasse der Funktion $f^\#$.

- im Fall $f \in L_2(\mathbb{R}) \setminus L_1(\mathbb{R})$ die gemäß Satz und Definition 2.2.16 lediglich im $L_2(\mathbb{R})$-Sinne existierende Funktion $f^\# \in L_2(\mathbb{R})$ mit

$$\lim_{n\to\infty} \|f^\# - f_n^\wedge\|_2 = 0 \ .$$

In diesem Fall ist $f^\wedge := f^\#$ i.a. weder stetig noch beschränkt auf $\mathbb{R}$, ja noch nicht einmal punktweise überall erklärt!

Nach der obigen – wichtigen – Bemerkung können wir nun die Untersuchung der Fourier-Transformation auf $L_2(\mathbb{R})$ fortsetzen. Wir beginnen mit einer endgültigen Formulierung der Parsevalschen Gleichung.

2.2.19 Satz (Parsevalsche Gleichung)

Es sei $f \in L_2(\mathbb{R})$ beliebig gegeben. Dann gilt $f^\wedge \in L_2(\mathbb{R})$ und

$$\|f\|_2^2 = \frac{1}{2\pi} \|f^\wedge\|_2^2 \ .$$

Beweis:
Wegen

$$\lim_{n\to\infty} \|f^\wedge - f_n^\wedge\|_2^2 = 0$$

folgt über die inverse Dreiecksungleichung sofort

$$\lim_{n\to\infty} \left| \|f^\wedge\|_2 - \|f_n^\wedge\|_2 \right| \leq \lim_{n\to\infty} \|f^\wedge - f_n^\wedge\|_2 = 0 \ ,$$

also

$$\lim_{n\to\infty} \|f_n^\wedge\|_2^2 = \|f^\wedge\|_2^2 \ .$$

Andererseits gilt trivialerweise (majorisierte Konvergenz)

$$\lim_{n\to\infty} \|f_n\|_2^2 = \|f\|_2^2$$

und schließlich gemäß Satz 2.2.15 , da $f_n \in L_1(I\!R) \cap L_2(I\!R)$, auch

$$\|f_n\|_2^2 = \frac{1}{2\pi}\|f_n^\wedge\|_2^2 \ , \ n \in I\!N \ .$$

Zusammenfassend erhalten wir also wie behauptet

$$\|f\|_2^2 = \lim_{n\to\infty} \|f_n\|_2^2 = \lim_{n\to\infty} \frac{1}{2\pi}\|f_n^\wedge\|_2^2 = \frac{1}{2\pi}\|f^\wedge\|_2^2 \ .$$

□

2.2.20 Aufgabe

Beweisen Sie die sogenannten verallgemeinerten Parsevalschen Gleichungen

$$\int_{-\infty}^{\infty} f(t)\overline{g(t)}dt = \frac{1}{2\pi}\int_{-\infty}^{\infty} f^\wedge(t)\overline{g^\wedge(t)}dt \ , \ f,g \in L_2(I\!R) \ ,$$

und

$$\int_{-\infty}^{\infty} f(t)g^\wedge(t)dt = \int_{-\infty}^{\infty} f^\wedge(t)g(t)dt \ , \ f,g \in L_2(I\!R) \ .$$

Beachten Sie, daß sich die obigen Identitäten bezüglich des auf $L_2(I\!R)$ definierten inneren Produkts $\langle \cdot, \cdot \rangle$ auch in komprimierter Form schreiben lassen als

$$\langle f, g \rangle = \frac{1}{2\pi} \langle f^\wedge, g^\wedge \rangle \ , \ f, g \in L_2(I\!R) \ ,$$

bzw.

$$\left\langle f, \overline{g^\wedge} \right\rangle = \langle f^\wedge, \overline{g} \rangle \ , \ f, g \in L_2(I\!R) \ .$$

Wir wenden uns nun dem sogenannten Inversionsproblem in $L_2(I\!R)$ zu, d.h., wir gehen der Frage nach, ob und in welcher Form eine Funktion $f \in L_2(I\!R)$ aus ihrer Fourier-Transformierten $f^\wedge \in L_2(I\!R)$ rekonstruierbar ist (vgl. in diesem Zusammenhang auch das vorläufige $L_1(I\!R)$-spezifische Resultat aus Satz 2.2.10). Obwohl die folgenden Überlegungen in ihrem Kern mit den Resultaten 2.2.16 bis 2.2.18 identisch sind, wollen wir sie aufgrund ihrer Wichtigkeit noch einmal explizit festhalten.

2.2.21 Satz und Definition ($L_2(\mathbb{R})$-Fourier-Inversionsintegrale)

Es sei $f \in L_2(\mathbb{R})$ beliebig gegeben sowie die Folge $(\hat{F}_n f)_{n \in \mathbb{N}_o}$ definiert als

$$\hat{F}_n f(x) := \frac{1}{2\pi} \int_{-n}^{n} f^\wedge(t) e^{ixt} dt \quad, \quad x \in \mathbb{R} \quad, \quad n \in \mathbb{N}_o \; .$$

Dann ist die Folge $(\hat{F}_n f)_{n \in \mathbb{N}_o}$ das präzise nichtperiodische Analogon zu den n-ten Fourier-Summen im periodischen Fall. Insbesondere ist $(\hat{F}_n f)_{n \in \mathbb{N}_o}$ eine Cauchy-Folge in $L_2(\mathbb{R})$ bezüglich $\|\cdot\|_2$, und wir bezeichnen die im $L_2(\mathbb{R})$-Sinne existierende Funktion aus $L_2(\mathbb{R})$, gegen die die Folge $(\hat{F}_n f)_{n \in \mathbb{N}_o}$ konvergiert, mit $\hat{F}f$, d.h., $\hat{F}f$ ist die Funktion, für die gilt

$$\lim_{n \to \infty} \|\hat{F}f - \hat{F}_n f\|_2 = 0 \; .$$

Im Spezialfall $f^\wedge \in L_1(\mathbb{R}) \cap L_2(\mathbb{R})$ gilt wieder für fast alle $x \in \mathbb{R}$

$$\hat{F}f(x) = \frac{1}{2\pi} \int_{-\infty}^{\infty} f^\wedge(t) e^{ixt} dt \; ,$$

d.h. hier kann man $\hat{F}f$ wieder punktweise für alle $x \in \mathbb{R}$ mit der stetigen und beschränkten Integralfunktion auf der rechten Seite identifizieren, also

$$\hat{F}f(x) := \frac{1}{2\pi} \int_{-\infty}^{\infty} f^\wedge(t) e^{ixt} dt \quad, \quad x \in \mathbb{R} \; .$$

Beweis:

Da nach Satz 2.2.16 die Bildung der Fourier-Transformierten eine Abbildung von $L_2(\mathbb{R})$ in $L_2(\mathbb{R})$ ist, existiert die Funktion $f^\wedge \in L_2(\mathbb{R})$ im $L_2(\mathbb{R})$-Sinne.

Setzt man nun

$$\hat{f}_n(x) := \left\{ \begin{array}{ll} f^\wedge(x) & , \quad |x| \leq n \\ 0 & , \quad |x| > n \end{array} \right\} \quad, \quad x \in \mathbb{R} \quad, \quad n \in \mathbb{N}_o \; ,$$

so zeigt man in völliger Analogie zum Beweis von Satz 2.2.16, daß die Folge $((\hat{f}_n)^\wedge)_{n \in \mathbb{N}_o}$ eine Cauchy-Folge in $L_2(\mathbb{R})$ bezüglich $\|\cdot\|_2$ ist. Da jedoch

$$(\hat{f}_n)^\wedge(-x) = \int_{-\infty}^{\infty} \hat{f}_n(t) e^{ixt} dt$$

$$= \int_{-n}^{n} f^\wedge(t) e^{ixt} dt$$

$$= 2\pi \hat{F}_n f(x) \quad, \quad x \in \mathbb{R} \quad, \quad n \in \mathbb{N}_o \; ,$$

2.2 Fourier-Integrale quadratintegrabler Funktionen

gilt, folgt daraus sofort, daß auch $(\hat{F}_n f)_{n \in \mathbb{N}_o}$ eine $L_2(\mathbb{R})$-Cauchy-Folge ist und ein $\hat{F}f \in L_2(\mathbb{R})$ existiert mit

$$\lim_{n \to \infty} \|\hat{F}f - \hat{F}_n f\|_2 = 0 \;.$$

Im Spezialfall $f^\wedge \in L_1(\mathbb{R}) \cap L_2(\mathbb{R})$ gilt zunächst für jede Teilfolge $(\hat{f}_{n_k})_{k \in \mathbb{N}_o}$ von $(\hat{f}_n)_{n \in \mathbb{N}_o}$

$$\lim_{k \to \infty} \hat{f}_{n_k}(x) = f^\wedge(x) \;, \quad x \in \mathbb{R} \;,$$

und damit aufgrund des Lebesgueschen Satzes über die majorisierte Konvergenz auch

$$\lim_{k \to \infty} \hat{F}_{n_k} f(x) = \lim_{k \to \infty} \frac{1}{2\pi} \int_{-\infty}^{\infty} \hat{f}_{n_k}(t) e^{ixt} dt = \frac{1}{2\pi} \int_{-\infty}^{\infty} f^\wedge(t) e^{ixt} dt \;.$$

Da andererseits jedoch aus

$$\lim_{n \to \infty} \|\hat{F}f - \hat{F}_n f\|_2 = 0$$

wieder die Existenz einer Teilfolge $(\hat{F}_{n_k} f)_{k \in \mathbb{N}_o}$ von $(\hat{F}_n f)_{n \in \mathbb{N}_o}$ folgt, die für fast alle $x \in \mathbb{R}$ die Bedingung

$$\lim_{k \to \infty} \hat{F}_{n_k} f(x) = \hat{F}f(x)$$

erfüllt, ist damit insgesamt wie behauptet für fast alle $x \in \mathbb{R}$ die Gültigkeit der Identität

$$\hat{F}f(x) = \frac{1}{2\pi} \int_{-\infty}^{\infty} f^\wedge(t) e^{ixt} dt$$

nachgewiesen. □

2.2.22 Bemerkung (Interpretation der Fourier-Inversionsintegrale)

Die Bemerkung 2.2.18 läßt sich sinngemäß auf $\hat{F}f$ übertragen, wobei hier die Fälle

- $f^\wedge \in L_1(\mathbb{R}) \setminus L_2(\mathbb{R})$,
- $f^\wedge \in L_1(\mathbb{R}) \cap L_2(\mathbb{R})$,
- $f^\wedge \in L_2(\mathbb{R}) \setminus L_1(\mathbb{R})$

zu unterscheiden sind.

Um im folgenden eine möglichst kompakte Schreibweise zur Verfügung zu haben, führen wir die übliche Punkt-Konvention ein. Dies soll bedeuten, daß der Punkt " $\cdot$ " stets für diejenige Variable steht, auf die eine bestimmte äußere Operation angewandt werden soll. Am einfachsten veranschaulicht man sich diese Kompaktschreibweise an einigen Beispielen:

(1) Translationsinvarianz:

$$\|f(\cdot - h)\|_2^2 := \int_{-\infty}^{\infty} |f(x-h)|^2 dx = \|f\|_2^2 \ , \ f \in L_2(I\!R) \ , \ h \in I\!R \ ,$$

(2) Spiegelungssatz:

$$(f(-\cdot))^{\wedge}(x) := \int_{-\infty}^{\infty} f(-t)e^{-ixt}dt = f^{\wedge}(-x) \ , \ f \in L_1(I\!R) \ , \ x \in I\!R \ ,$$

(3) Ähnlichkeitssatz:

$$(hf(h\cdot))^{\wedge}(x) := \int_{-\infty}^{\infty} hf(ht)e^{-ixt}dt = f^{\wedge}(\frac{x}{h}) \ , \ f \in L_1(I\!R) \ , \ x \in I\!R \ , \ h > 0 \ ,$$

(4) Verschiebungssatz (1. Fassung):

$$(f(\cdot + \xi))^{\wedge}(x) := \int_{-\infty}^{\infty} f(t+\xi)e^{-ixt}dt = e^{ix\xi}f^{\wedge}(x) \ , \ f \in L_1(I\!R) \ , \ x,\xi \in I\!R \ ,$$

(5) Verschiebungssatz (2. Fassung):

$$(f(\cdot)e^{-i\xi\cdot})^{\wedge}(x) := \int_{-\infty}^{\infty} f(t)e^{-i\xi t}e^{-ixt}dt = f^{\wedge}(x+\xi) \ , \ f \in L_1(I\!R) \ , \ x,\xi \in I\!R \ .$$

Nach dieser Schreibarbeit ersparenden Vereinbarung gehen wir nun der Frage nach, wie f und $\hat{F}f$ für Funktionen aus $L_2(I\!R)$ zusammenhängen und kommen damit zum eigentlichen $L_2(I\!R)$-Inversionssatz, der in der Literatur mit dem Namen Plancherel verbunden ist.

2.2 Fourier-Integrale quadratintegrabler Funktionen

2.2.23 Satz ($L_2(\mathbb{R})$-Inversionssatz, Plancherel-Theorem)

Es sei $f \in L_2(\mathbb{R})$ beliebig gegeben. Dann gilt

$$\|f - \hat{F}f\|_2 = 0$$

und insbesondere für fast alle $x \in \mathbb{R}$

$$f(x) = \hat{F}f(x) \ .$$

Beweis:

Setzt man wieder

$$\hat{f}_n(x) := \left\{ \begin{array}{ll} f^\wedge(x) & , \ |x| \leq n \\ 0 & , \ |x| > n \end{array} \right\} \ , \ x \in \mathbb{R} \ , \ n \in \mathbb{N}_o \ ,$$

so gilt nach Satz und Definition 2.2.21 einerseits

$$\lim_{n \to \infty} \|\hat{F}f - \hat{F}_n f\|_2 = 0$$

bzw. – wegen

$$(\hat{f}_n)^\wedge(-x) = 2\pi \hat{F}_n f(x) \ , \ x \in \mathbb{R} \ , \ n \in \mathbb{N}_o \ ,$$

– auch

$$\lim_{n \to \infty} \|\hat{F}f - \frac{1}{2\pi}(\hat{f}_n)^\wedge(-\cdot)\|_2 = 0 \ .$$

Aufgrund der $L_2(\mathbb{R})$-Definition der Fourier-Transformation gemäß Satz und Definition 2.2.16 angewandt auf $f^\wedge \in L_2(\mathbb{R})$ gilt jedoch auch

$$\lim_{n \to \infty} \|(f^\wedge)^\wedge - (\hat{f}_n)^\wedge\|_2 = 0$$

bzw.

$$\lim_{n \to \infty} \left\|\frac{1}{2\pi}(f^\wedge)^\wedge(-\cdot) - \frac{1}{2\pi}(\hat{f}_n)^\wedge(-\cdot)\right\|_2 = 0 \ .$$

Da der $L_2(\mathbb{R})$-Grenzwert der Folge $\left(\frac{1}{2\pi}(\hat{f}_n)^\wedge(-\cdot)\right)_{n \in \mathbb{N}_o}$ eindeutig bestimmt ist, haben wir somit das vorläufige Resultat

$$\|\hat{F}f - \frac{1}{2\pi}(f^\wedge)^\wedge(-\cdot)\|_2 = 0$$

bzw.

$$\hat{F}f(x) = \frac{1}{2\pi}(f^\wedge)^\wedge(-x) \quad \text{für fast alle } x \in \mathbb{R}$$

nachgewiesen. Wir brauchen damit lediglich noch

$$\|f - \frac{1}{2\pi}(f^\wedge)^\wedge(-\cdot)\|_2 = 0$$

zu zeigen. Dies folgt jedoch leicht mit Hilfe der in Satz 2.2.19 bewiesenen Parsevalschen Gleichung sowie ihrer Verallgemeinerungen (vgl. Aufgabe 2.2.20) aus

$$\left\| f - \frac{1}{2\pi}(f^\wedge)^\wedge(-\cdot) \right\|_2^2$$
$$= \left\langle f - \frac{1}{2\pi}(f^\wedge)^\wedge(-\cdot) ,\, f - \frac{1}{2\pi}(f^\wedge)^\wedge(-\cdot) \right\rangle$$
$$= \langle f, f \rangle - \frac{1}{2\pi}\langle f, (f^\wedge)^\wedge(-\cdot)\rangle - \frac{1}{2\pi}\langle (f^\wedge)^\wedge(-\cdot), f \rangle + \frac{1}{(2\pi)^2}\langle (f^\wedge)^\wedge(-\cdot) ,\, (f^\wedge)^\wedge(-\cdot)\rangle$$
$$= \|f\|_2^2 - \frac{1}{2\pi}\langle f(-\cdot) ,\, (f^\wedge)^\wedge \rangle - \frac{1}{2\pi}\langle (f^\wedge)^\wedge ,\, f(-\cdot)\rangle + \frac{1}{(2\pi)^2}\|(f^\wedge)^\wedge\|_2^2$$
$$= \|f\|_2^2 - \frac{1}{2\pi} 2\,\text{Re}\,\left\langle (f^\wedge)^\wedge ,\, \overline{f(-\cdot)} \right\rangle + \frac{1}{2\pi}\|f^\wedge\|_2^2$$
$$= \|f\|_2^2 - \frac{1}{2\pi} 2\,\text{Re}\,\left\langle f^\wedge ,\, \overline{(\overline{f(-\cdot)})^\wedge} \right\rangle + \|f\|_2^2$$
$$= 2\|f\|_2^2 - \frac{2}{2\pi}\,\text{Re}\,\langle f^\wedge, f^\wedge \rangle$$
$$= 2\|f\|_2^2 - 2\|f\|_2^2$$
$$= 0\;.$$

Dabei haben wir ausgenutzt, daß $(\overline{f(-\cdot)})^\wedge = \overline{f^\wedge}$ gilt, was man aufgrund der für alle $n \in \mathbb{N}_o$ geltenden Identität

$$\int_{-n}^{n} \overline{f(-t)} e^{-ixt} dt = \int_{-n}^{n} \overline{f(t)} e^{ixt} dt$$

$$= \overline{\int_{-n}^{n} f(t) e^{-ixt} dt}$$

auch im $L_2(\mathbb{R})$-Sinne unmittelbar verifiziert.

□

2.2.24 Bemerkung

Wir weisen darauf hin, daß wir implizit im obigen Satz für alle $f \in L_2(\mathbb{R})$ die Identität

$$\left\| f - \frac{1}{2\pi}(f^\wedge)^\wedge(-\cdot) \right\|_2 = \left\| f - \frac{1}{2\pi}(f^\wedge(-\cdot))^\wedge \right\|_2 = 0 \ ,$$

d.h. insbesondere die Gültigkeit von

$$f(x) = \frac{1}{2\pi}(f^\wedge)^\wedge(-x) = \frac{1}{2\pi}(f^\wedge(-\cdot))^\wedge(x)$$

für fast alle $x \in \mathbb{R}$ nachgewiesen haben. Dabei folgt $(f^\wedge)^\wedge(-\cdot) = (f^\wedge(-\cdot))^\wedge$ (im $L_2(\mathbb{R})$-Sinne) wieder aus der für alle $n \in \mathbb{N}_o$ geltenden Identität

$$\int_{-n}^{n} f^\wedge(t) e^{ixt} dt = \int_{-n}^{n} f^\wedge(-t) e^{-ixt} dt \ .$$

Wir können nun in Analogie zum Isomorphiesatz 1.2.15 die $L_2(\mathbb{R})$-Theorie der Fourier-Transformation und ihrer Inversen mit dem folgenden kompakten Resultat abschließen.

2.2.25 Satz (Isomorphiesatz für die Fourier-Transformation)

Die Fourier-Transformation $^\wedge$,

$$\wedge: L_2(\mathbb{R}) \to L_2(\mathbb{R}) \ ,$$
$$f \mapsto f^\wedge \ ,$$

ist ein Hilbert-Raum-Isomorphismus von $(L_2(\mathbb{R}), \langle \cdot, \cdot \rangle)$ in sich, also ein Hilbert-Raum-Automorphismus auf $(L_2(\mathbb{R}), \langle \cdot, \cdot \rangle)$.

Beweis:
Die Linearität der Fourier-Transformation sowie ihre Wohldefiniertheit folgt unmittelbar aus Satz und Definition 2.2.16 sowie der Linearität der punktweisen Fourier-Transformierten auf $L_1(\mathbb{R}) \cap L_2(\mathbb{R})$. Die Injektivität der Fourier-Transformation im $L_2(\mathbb{R})$-Sinne folgt aus der Parsevalschen Gleichung 2.2.19, denn $f^\wedge = g^\wedge$ (in $L_2(\mathbb{R})$), d.h. $f^\wedge - g^\wedge = (f-g)^\wedge = 0$ (in $L_2(\mathbb{R})$) impliziert

$$0 = \|(f-g)^\wedge\|_2^2 = 2\pi \|f-g\|_2^2 \ ,$$

also $f = g$ (in $L_2(\mathbb{R})$). Die Surjektivität ist schließlich eine direkte Konsequenz des Plancherel-Theorems 2.2.23. Setzt man nämlich für ein beliebig vorgegebenes $g \in L_2(\mathbb{R})$ die Funktion $f \in L_2(\mathbb{R})$ an in der Form

$$f(x) := \frac{1}{2\pi} g^\wedge(-x) \ , \ x \in \mathbb{R} \ ,$$

dann gilt in $L_2(\mathbb{R})$:

$$f^\wedge = \left(\frac{1}{2\pi} g^\wedge(-\cdot)\right)^\wedge = \frac{1}{2\pi} \left(g^\wedge(-\cdot)\right)^\wedge = g \ .$$

□

2.3 Fourier-Integrale stetiger integrierbarer Funktionen
— Das lokale Inversionsproblem —

Wir kehren nun wieder zum ursprünglichen Definitionsbereich der Fourier-Transformierten zurück, nämlich zu $L_1(\mathbb{R})$. Hier gilt für alle $f \in L_1(\mathbb{R})$ und alle $x \in \mathbb{R}$ punktweise

$$f^\wedge(x) = \int_{-\infty}^{\infty} f(t) e^{-ixt} dt \; ;$$

insbesondere ist $f^\wedge$ als Funktion von $\mathbb{R}$ nach C stetig und beschränkt (vgl. Aufgabe 2.2.1). Ein vollends befriedigendes lokales Inversionsresultat würde im vorliegenden Fall also

$$f(x) = \frac{1}{2\pi} (f^\wedge)^\wedge(-x) = \frac{1}{2\pi} \int_{-\infty}^{\infty} f^\wedge(t) e^{ixt} dt \; , \; x \in \mathbb{R} \; ,$$

lauten. Zur Gültigkeit der obigen Inversionsidentität sind zwei notwendige Bedingungen unmittelbar evident:

- Für $x = 0$ ist die Integrabilität von $f^\wedge$ Voraussetzung für die Wohldefiniertheit des auftauchenden Integrals.

- Gilt die Identität für alle $x \in \mathbb{R}$, so muß f – als Fourier-Transformierte von $f^\wedge(-\cdot)$ – selbst stetig und beschränkt auf $\mathbb{R}$ gewesen sein, d.h., $f \in L_1(\mathbb{R}) \cap C(\mathbb{R})$ ist in diesem Kontext eine unmittelbare Konsequenz bzw. implizite Voraussetzung, so daß damit auch der Titel dieses Abschnitts gerechtfertigt ist.

Wir werden im folgenden in Hinblick auf die Gültigkeit der lokalen Inversionsformel zwei Resultate herleiten. Zum einen werden wir zeigen, daß es (unstetige) Funktionen $f \in L_1(\mathbb{R})$ gibt mit $f^\wedge \notin L_1(\mathbb{R})$, d.h., die Wohldefiniertheit des Inversionsintegrals ist nicht a priori gesichert. Dem steht als positives Resultat entgegen, daß unter der Bedingung $f, f^\wedge \in L_1(\mathbb{R})$ die Inversionsidentität

$$f(x) = \frac{1}{2\pi} \int_{-\infty}^{\infty} f^\wedge(t) e^{ixt} dt$$

für fast alle $x \in \mathbb{R}$ gültig ist, d.h. implizit auch, daß f fast überall auf $\mathbb{R}$ mit einer stetigen Funktion übereinstimmt.
Wir beginnen mit dem negativen Resultat.

2.3.1 Satz (Nichtintegrierbare Fourier-Transformierte)

Es sei $B : \mathbb{R} \to \mathbb{R}$ definiert als

$$B(x) := \begin{cases} 1 & , \ |x| \leq 1 \ , \\ 0 & , \ |x| > 1 \ . \end{cases}$$

Dann gilt $B \in L_1(\mathbb{R})$ und

$$B^\wedge(x) = 2\,\frac{\sin x}{x} \ , \quad x \in \mathbb{R} \ ,$$

wobei " $\frac{\sin 0}{0}$ " im de l'Hospitalschen Sinne als 1 zu interpretieren ist. Insbesondere ist also $B^\wedge \notin L_1(\mathbb{R})$.

Beweis:
Es sei $x \in \mathbb{R} \setminus \{0\}$ beliebig gegeben. Dann gilt

$$\begin{aligned}
B^\wedge(x) &= \int_{-\infty}^{\infty} B(t) e^{-ixt} dt \ = \ \int_{-1}^{1} e^{-ixt} dt \\
&= \left[\frac{e^{-ixt}}{-ix}\right]_{t=-1}^{t=1} \ = \ \frac{e^{-ix}}{-ix} - \frac{e^{ix}}{-ix} \\
&= \frac{1}{ix}\left(e^{ix} - e^{-ix}\right) \ = \ \frac{1}{ix}(2i\sin x) \\
&= 2\,\frac{\sin x}{x} \ .
\end{aligned}$$

Für $x = 0$ ergibt sich

$$B^\wedge(0) = \int_{-\infty}^{\infty} B(t) dt = 2 \ ,$$

also insgesamt unter Berücksichtigung der Konvention $\frac{\sin 0}{0} = 1$ wie behauptet

$$B^\wedge(x) = 2\,\frac{\sin x}{x} \ , \quad x \in \mathbb{R} \ .$$

Es bleibt zu zeigen, daß $B^\wedge \notin L_1(\mathbb{R})$ gilt. Wir schließen indirekt, indem wir annehmen, daß $B^\wedge \in L_1(\mathbb{R})$ gilt. Da dann auch $|B^\wedge| \in L_1(\mathbb{R})$ gilt, müßte insbesondere

$$\int_0^\infty \left|\frac{\sin x}{x}\right| dx < \infty$$

gelten. Es gilt jedoch für alle $n \in \mathbb{N}$

2.3 Fourier-Integrale stetiger integrierbarer Funktionen

$$\int_0^{n\pi} \left|\frac{\sin x}{x}\right| dx = \sum_{k=1}^n \int_{(k-1)\pi}^{k\pi} \left|\frac{\sin x}{x}\right| dx \geq \sum_{k=1}^n \frac{1}{k\pi} \int_{(k-1)\pi}^{k\pi} |\sin x|\, dx$$

$$= \sum_{k=1}^n \frac{1}{k\pi} \int_o^{\pi} \sin x\, dx = \sum_{k=1}^n \frac{1}{k\pi} \left[-\cos x\right]_o^{\pi}$$

$$= \frac{2}{\pi} \sum_{k=1}^n \frac{1}{k} \quad .$$

Da die harmonische Reihe divergiert, liefert die Identität

$$\lim_{n \to \infty} \int_0^{n\pi} \left|\frac{\sin x}{x}\right| dx = \infty \quad .$$

schließlich den gewünschten Widerspruch.

□

Der obige Satz zeigt, daß es Funktionen $f \in L_1(I\!R)$ gibt, für die wegen $f^\wedge \notin L_1(I\!R)$ die Frage nach punktweiser vollständiger Inversion der Fourier-Transformation keinen Sinn macht. Interessant ist damit natürlich die Frage, welche Aussagen man für Funktionen $f \in L_1(I\!R)$ mit $f^\wedge \in L_1(I\!R)$ gewinnen kann. Hier gibt es das folgende, uneingeschränkt positive Resultat (vgl. auch Satz 1.5.1 für die Fourier-Reihe).

2.3.2 Satz (Lokaler Fourier-Inversionssatz)

Es sei $f \in L_1(I\!R)$ beliebig gegeben und $f^\wedge \in L_1(I\!R)$. Dann gilt für fast alle $x \in I\!R$

$$f(x) = \frac{1}{2\pi} \int_{-\infty}^{\infty} f^\wedge(t) e^{ixt} dt \quad ,$$

d.h. insbesondere, daß f fast überall auf $I\!R$ mit einer stetigen Funktion übereinstimmt. Ist $f \in L_1(I\!R)$ also a priori stetig und $f^\wedge \in L_1(I\!R)$, dann gilt für alle $x \in I\!R$

$$f(x) = \frac{1}{2\pi} \int_{-\infty}^{\infty} f^\wedge(t) e^{ixt} dt \quad .$$

Beweis:

Zunächst gilt nach Satz 2.2.7 für alle $x \in I\!R$ und alle $\lambda > 0$

$$(f * p_\lambda)(x) = \frac{1}{2\pi} \int_{-\infty}^{\infty} P(\lambda t) f^\wedge(t) e^{ixt} dt \ ,$$

wobei

$$p_\lambda(t) := \frac{1}{\pi} \frac{\lambda}{\lambda^2 + t^2} \ , \quad t \in I\!R \ , \quad \lambda > 0 \ ,$$

und

$$P(\lambda t) := e^{-\lambda |t|} \ , \quad t \in I\!R \ , \quad \lambda > 0 \ .$$

Da der Integrand für alle $x, t \in I\!R$ und $\lambda > 0$ der Ungleichung

$$|P(\lambda t) f^\wedge(t) e^{ixt}| \leq |f^\wedge(t)|$$

genügt, $f^\wedge \in L_1(I\!R)$ gilt und punktweise die Grenzwertbeziehung

$$\lim_{\lambda \to 0+} P(\lambda t) f^\wedge(t) e^{ixt} = f^\wedge(t) e^{ixt} \ , \quad x, t \in I\!R \ ,$$

erfüllt ist, ergibt sich unter Ausnutzung des Lebesgueschen Satzes über die majorisierte Konvergenz die Identität

$$\lim_{\lambda \to 0+} (f * p_\lambda)(x) = \frac{1}{2\pi} \int_{-\infty}^{\infty} f^\wedge(t) e^{ixt} dt \ , \quad x \in I\!R \ .$$

In Satz 2.2.9 haben wir jedoch andererseits nachgewiesen, daß

$$\lim_{\lambda \to 0+} \int_{-\infty}^{\infty} |(f * p_\lambda)(x) - f(x)| dx = 0$$

gilt. Daraus folgt gemäß der Lebesgueschen Theorie aber sofort die Existenz einer (Teil-) Folge $(\lambda_n)_{n \in I\!N}$, $\lambda_n > 0$, $n \in I\!N$, mit $\lim_{n \to \infty} \lambda_n = 0$, so daß für fast alle $x \in I\!R$

$$\lim_{n \to \infty} (f * p_{\lambda_n})(x) = f(x)$$

gilt. Insgesamt ist damit gezeigt, daß für fast alle $x \in I\!R$

$$f(x) = \frac{1}{2\pi} \int_{-\infty}^{\infty} f^\wedge(t) e^{ixt} dt$$

gilt. Der Rest des Satzes folgt aus der Tatsache, daß die Funktion g,

$$g(x) := \frac{1}{2\pi} \int_{-\infty}^{\infty} f^\wedge(t) e^{ixt} dt \ , \quad x \in I\!R \ ,$$

auf ganz $I\!R$ stetig ist und zwei stetige Funktionen, die fast überall identisch sind, notwendigerweise überall identisch sein müssen.

□

2.3.3 Bemerkung

Der obige Satz zeigt, daß für jede Funktion $f \in L_1(I\!R)$ mit mindestens einer nicht hebbaren Unstetigkeitsstelle notwendigerweise $f^\wedge \notin L_1(I\!R)$ gilt. Es ist also kein Zufall, daß die Funktion B aus Satz 2.3.1 zwei nicht hebbare Unstetigkeitsstellen hatte. Weitere tieferliegende Resultate zum Problem der lokalen Inversion der Fourier-Transformation findet man z.B. in der Monographie von Butzer und Nessel [2].

2.4 Fourier-Integrale anderer Klassen von Funktionen – Die Asymptotik der Fourier-Transformierten –

Im vorliegenden Abschnitt beschäftigen wir uns mit der Asymptotik der Fourier-Transformierten $f^\wedge(x)$ für $|x| \to \infty$. Die Asymptotik der Fourier-Transformierten ist nicht zuletzt deshalb von einigem Interesse, weil eine hinreichend schnelle Nullkonvergenz von $f^\wedge(x)$ für $|x| \to \infty$ unmittelbar $f^\wedge \in L_1(I\!R)$ impliziert und damit – gemäß den Resultaten des vorausgegangenen Abschnitts – die lokale Gültigkeit der Fourier-Inversionsformel

$$f(x) = \frac{1}{2\pi} \int_{-\infty}^{\infty} f^\wedge(t) e^{ixt} dt \quad \text{für fast alle } x \in I\!R$$

garantiert ist. In Hinblick auf diesen Zusammenhang sollte Satz 2.3.2 an dieser Stelle einmal bewußt mit dem entsprechenden Resultat von Satz 1.5.1 über die Asymptotik der Fourier-Koeffizienten verglichen werden; offensichtlich korrespondiert die Forderung der absoluten Integrierbarkeit von $f^\wedge$,

$$\int_{-\infty}^{\infty} |f^\wedge(t)| dt < \infty \ ,$$

in überzeugender Weise mit der Forderung nach der absoluten Summierbarkeit von $(c_k(f))_{k \in \mathbb{Z}}$,

$$\sum_{k=-\infty}^{\infty} |c_k(f)| < \infty \ .$$

Nach dieser kleinen Motivation hinsichtlich der Zweckmäßigkeit asymptotischer Aussagen für $f^\wedge$ erinnern wir uns, daß wir mit dem Riemann-Lebesgue-Theorem 2.2.5 bereits eine erste, wenn auch schwache Information des gewünschten Typs zur Verfügung haben: Für alle $f \in L_1(I\!R)$ gilt

$$f^\wedge(x) = o(1) \ , \quad x \to \pm\infty \ .$$

Eine genauere Klassifizierung von Funktionen in Abhängigkeit von der Asymptotik ihrer Fourier-Transformierten soll in Satz 2.4.4 geliefert werden. Zunächst benötigen wir jedoch noch einige Vorüberlegungen.

2.4 Fourier-Integrale anderer Klassen von Funktionen

2.4.1 Definition (Der Funktionenraum $W_{m,1}(\mathbb{R})$)

Es sei $m \in \mathbb{N}_o$ beliebig gegeben. Wir nennen eine Funktion $f : \mathbb{R} \to \mathbb{C}$ dem Raum $W_{m,1}(\mathbb{R})$ zugehörig, falls $f, f', f'', \ldots, f^{(m)}$ existieren und über ganz $\mathbb{R}$ integrierbare stetige Funktionen darstellen (speziell: $W_{0,1}(\mathbb{R}) = L_1(\mathbb{R}) \cap C(\mathbb{R})$).

Für die oben eingeführte Klasse von Funktionen läßt sich folgender Satz formulieren.

2.4.2 Satz (Eigenschaften von $W_{m,1}(\mathbb{R})$)

Es seien $m \in \mathbb{N}_o$ und $f \in W_{m,1}(\mathbb{R})$ beliebig gegeben. Ferner sei die Funktion $B : \mathbb{R} \to \mathbb{R}$ wie in Satz 2.3.1 definiert als

$$B(x) := \begin{cases} 1 & , \ |x| \leq 1 \ , \\ 0 & , \ |x| > 1 \ . \end{cases}$$

Dann gilt für alle $x \in \mathbb{R}$

$$\sum_{k=o}^{m}(-1)^{m-k}\binom{m}{k}f(x-m+2k) = (f^{(m)} * \underbrace{B * B * \cdots * B}_{m\text{-mal}})(x) \ .$$

Beweis:
Wir führen den Beweis mittels Induktion über r, $0 \leq r \leq m$.

Induktionsanfang: $r = 0$.
Zu zeigen ist

$$\sum_{k=o}^{o}(-1)^{0-k}\binom{0}{k}f(x-0+2k) = f^{(o)}(x) \ , \ x \in \mathbb{R} \ .$$

Dies ist jedoch offensichtlich richtig.

Induktionsvoraussetzung:
Für $0 \leq r \leq m-1$ möge die Identität

$$\sum_{k=o}^{r}(-1)^{r-k}\binom{r}{k}f(x-r+2k) = (f^{(r)} * \underbrace{B * B * \cdots * B}_{r\text{-mal}})(x) \ , \ x \in \mathbb{R} \ ,$$

gelten.

Induktionsschluß:

$$\left(f^{(r+1)} * \underbrace{B * B * \cdots * B}_{(r+1)\text{-mal}} \right)(x)$$

$$= \left(\left(f^{(r+1)} * \underbrace{B * \cdots * B}_{r\text{-mal}} \right) * B \right)$$

$$= \left(\left(\sum_{k=o}^{r}(-1)^{r-k}\binom{r}{k} f'(\cdot - r + 2k) \right) * B \right)(x)$$

$$= \sum_{k=o}^{r}(-1)^{r-k}\binom{r}{k} \int_{-\infty}^{\infty} f'(x - r + 2k - t)B(t)dt$$

$$= \sum_{k=o}^{r}(-1)^{r-k}\binom{r}{k} \int_{-1}^{1} f'(x - r + 2k - t)dt$$

$$= \sum_{k=o}^{r}(-1)^{r-k}\binom{r}{k} [-f(x - r + 2k - t)]_{t=-1}^{t=1}$$

$$= \sum_{k=o}^{r}(-1)^{r-k}\binom{r}{k} (f(x - r + 2k + 1) - f(x - r + 2k - 1))$$

$$= \sum_{k=1}^{r+1}(-1)^{r-(k-1)}\binom{r}{k-1} f(x - r + 2(k-1) + 1)$$

$$\quad - \sum_{k=o}^{r}(-1)^{r-k}\binom{r}{k} f(x - r + 2k - 1)$$

$$= \sum_{k=1}^{r}(-1)^{(r+1)-k} \left(\binom{r}{k-1} + \binom{r}{k} \right) f(x - (r+1) + 2k)$$

$$\quad + f(x + r + 1) + (-1)^{r+1} f(x - (r+1))$$

$$= \sum_{k=o}^{r+1}(-1)^{(r+1)-k} \binom{r+1}{k} f(x - (r+1) + 2k) \ , \ x \in \mathbb{R} \ .$$

□

Im Beweis des obigen Satzes haben wir wesentlich das Assoziativgesetz für die Faltung ausgenutzt. Wir bestätigen die Gültigkeit dieses Gesetzes sowie dessen Konsequenzen für die Bildung der Fourier-Transformierten in folgender Aufgabe.

2.4 Fourier-Integrale anderer Klassen von Funktionen

2.4.3 Aufgabe

Es seien $f, g, h \in L_1(\mathbb{R})$ beliebig gegeben. Zeigen Sie, daß das Faltungsprodukt assoziativ ist, d.h. die Identität

$$((f * g) * h)(x) = (f * (g * h))(x) \ , \ x \in \mathbb{R} \ ,$$

gilt, und folglich die Fourier-Transformierte den Gleichungen

$$(f * g * h)^\wedge(x) = f^\wedge(x) \cdot g^\wedge(x) \cdot h^\wedge(x) \ , \ x \in \mathbb{R} \ ,$$

und

$$(\underbrace{f * f * \cdots * f}_{m\text{-mal}})^\wedge(x) = (f^\wedge(x))^m \ , \ x \in \mathbb{R} \ ,$$

genügt.

Nach diesen Vorbereitungen sind wir nun in der Lage, den zentralen Satz dieses Abschnitts zu formulieren (vgl. Satz 1.5.3 hinsichtlich des Analogons für die Fourier-Koeffizienten).

2.4.4 Satz (Asymptotik der Fourier-Transformierten)

Es seien $m \in \mathbb{N}_o$ und $f \in W_{m,1}(\mathbb{R})$ beliebig gegeben. Dann gilt

$$f^\wedge(x)(ix)^m = (f^{(m)})^\wedge(x) \ , \ x \in \mathbb{R} \ ,$$

insbesondere also unter Ausnutzung des Riemann-Lebesgue-Theorems

$$f^\wedge(x) = o(|x|^{-m}) \qquad (x \to \pm\infty) \ .$$

Ferner gilt im Fall $m \geq 2$ für alle $x \in \mathbb{R}$ die Fourier-Inversionsformel, d.h.,

$$f(x) = \frac{1}{2\pi} \int_{-\infty}^{\infty} f^\wedge(t) e^{ixt} dt \ , \ x \in \mathbb{R} \ .$$

Beweis:
Es genügt, die Identität

$$f^\wedge(x)(ix)^m = (f^{(m)})^\wedge(x) \ , \ x \in \mathbb{R} \ ,$$

nachzuweisen, denn die behauptete asymptotische Beziehung folgt wegen

$$|f^\wedge(x)| = |x|^{-m}|(f^{(m)})^\wedge(x)| \ , \ x \in \mathbb{R} \setminus \{0\} \ ,$$

unmittelbar aus dem Riemann-Lebesgue-Theorem 2.2.5 angewandt auf $f^{(m)}$, während die Inversionsformel mit Satz 2.3.2 aus der durch die Asymptotik

$$f^\wedge(x) = o(|x|^{-m}) \qquad (x \to \pm\infty)$$

im Fall $m \geq 2$ implizierten Integrierbarkeit der stetigen beschränkten Funktion $f^\wedge$ folgt (Majorantenkriterium). Wir wenden uns also der entscheidenden Identität

$$f^\wedge(x)(ix)^m = (f^{(m)})^\wedge(x) \ , \quad x \in I\!\!R \ ,$$

zu. Zunächst gilt für alle $x \in I\!\!R$ aufgrund der Linearität der Fourier-Transformation:

$$\left(\sum_{k=o}^{m}(-1)^{m-k}\binom{m}{k}f(\cdot - m + 2k)\right)^\wedge(x)$$

$$= \sum_{k=o}^{m}(-1)^{m-k}\binom{m}{k}\int_{-\infty}^{\infty} f(t - m + 2k)e^{-ixt}dt$$

$$= \sum_{k=o}^{m}(-1)^{m-k}\binom{m}{k}\int_{-\infty}^{\infty} f(\tau)e^{-ix(\tau+m-2k)}dt$$

$$= \left(\sum_{k=o}^{m}(-1)^{m-k}\binom{m}{k}e^{i2kx}\right)e^{-imx}f^\wedge(x)$$

$$= (e^{2ix} - 1)^m e^{-imx} f^\wedge(x)$$

$$= \left(\frac{e^{ix} - e^{-ix}}{2i}\right)^m (2i)^m f^\wedge(x)$$

$$= (\sin x)^m (2i)^m f^\wedge(x) \ .$$

Andererseits gilt aber mit Aufgabe 2.4.3 und Satz 2.3.1 auch für alle $x \in I\!\!R$:

$$\left(f^{(m)} * \underbrace{B * B * \cdots * B}_{m\text{-mal}}\right)^\wedge(x)$$
$$= (f^{(m)})^\wedge(x) \ (B^\wedge(x))^m$$
$$= (f^{(m)})^\wedge(x) \ 2^m \left(\frac{\sin x}{x}\right)^m \ .$$

Da gemäß Satz 2.4.2

$$\sum_{k=o}^{m}(-1)^{m-k}\binom{m}{k}f(x - m + 2k) = \left(f^{(m)} \underbrace{*B * B * \cdots * B}_{m\text{-mal}}\right)(x) \ , \quad x \in I\!\!R \ ,$$

gilt, haben wir also

2.4 Fourier-Integrale anderer Klassen von Funktionen

$$(\sin x)^m (2i)^m f^\wedge(x) = (f^{(m)})^\wedge(x)\, 2^m \left(\frac{\sin x}{x}\right)^m \quad,\quad x \in I\!R \quad,$$

bzw. – wegen $\sin x = 0 \Longleftrightarrow x \equiv 0 \pmod{\pi}$ –

$$f^\wedge(x)(ix)^m = (f^{(m)})^\wedge(x) \quad,\quad x \in I\!R \quad,\quad x \not\equiv 0 \pmod{\pi} \quad.$$

Die letzte Identität besagt, daß die auf ganz $I\!R$ stetigen Funktionen $(i\cdot)^m f^\wedge$ und $(f^{(m)})^\wedge$ auf ganz $I\!R$ bis auf abzählbar unendlich viele Punkte übereinstimmen, d.h. also aufgrund ihrer Stetigkeit auch auf ganz $I\!R$ identisch sind. Wir haben also wie behauptet

$$f^\wedge(x)(ix)^m = (f^{(m)})^\wedge(x) \quad,\quad x \in I\!R \quad.$$

□

2.4.5 Bemerkung (Asymptotik der Fourier-Transformierten)

1. Die Identität in Satz 2.4.4 sagt implizit aus, daß im Fall $f \in W_{m,1}(I\!R)$, $m \in I\!N$, die Fourier-Transformierte von $f^{(m)}$ in $x = 0$ eine Nullstelle m-ter Ordnung besitzt. Allgemein besteht eine enge Korrespondenz zwischen der Asymptotik von $f(x)$ bzw. $f^\wedge(x)$ für $x \to \pm\infty$ und gewissen Nullstellenvielfachheiten von f bzw. $f^\wedge$ und ihrer Ableitungen im Ursprung $x = 0$. Wir können darauf im Rahmen dieses Kapitels nicht näher eingehen und verweisen wieder auf die Monographie von Butzer und Nessel [2].

2. In Analogie zu Satz 1.5.3 wäre es wünschenswert, auch Kriterien für nichtganzzahlige Asymptotiken der Form

$$f^\wedge(x) = o(|x|^{-m-\alpha}) \qquad (x \to \pm\infty)$$

bzw.

$$f^\wedge(x) = 0(|x|^{-m-\alpha}) \qquad (x \to \pm\infty)$$

für $m \in I\!N_o$, $0 < \alpha \leq 1$, zur Verfügung zu haben. Die in diesem Kontext eine Rolle spielenden Funktionenklassen sind jedoch alles andere als trivial, so daß wir an dieser Stelle wieder lediglich auf [2] verweisen können.

2.5 Zusammenhang von Fourier-Reihen und -Integralen
   – Poissonsche Summenformel und Abtasttheorem –

Im letzten Abschnitt dieses Kapitels geht es um den zentralen Zusammenhang zwischen Fourier-Reihen und -Integralen, der in der nach Poisson benannten Summenformel sowie in dem mit den Namen Whittaker, Shannon und Kotelnikov verbundenen Abtasttheorem zum Ausdruck kommt. Wir beginnen als Vorbereitung mit dem folgenden einfachen Satz, der bereits eine wesentliche Idee der Verknüpfung von $L_1^{2\pi}$- und $L_1(I\!R)$-Konzepten zum Inhalt hat.

2.5.1 Satz (Verknüpfung von $L_1^{2\pi}$ und $L_1(I\!R)$)

Es sei $f \in L_1(I\!R)$ beliebig gegeben und $f^*(x)$ definiert als

$$f^*(x) := \sum_{k=-\infty}^{\infty} f(x + 2k\pi) \quad,$$

sofern die auftauchende Reihe konvergiert.
Dann gilt

(1) $f^*(x)$ ist für fast alle $x \in I\!R$ wohldefiniert,

(2) $f^* \in L_1^{2\pi}$,

(3) $\displaystyle\int_0^{2\pi} f^*(t)dt = \int_{-\infty}^{\infty} f(t)dt,$

(4) Für alle $g \in L_1^{2\pi}$ und fast alle $x \in I\!R$ gilt

$$\int_0^{2\pi} g(x-t)f^*(t)dt = \int_{-\infty}^{\infty} g(x-t)f(t)dt \quad.$$

Beweis:
(1) und (2): Wir setzen zunächst

$$F_n^*(x) := \sum_{k=-n}^{n} |f(x + 2k\pi)| \quad, \quad x \in I\!R \quad, \quad n \in I\!N \quad.$$

Dann gilt

$$F_n^*(x) \leq F_{n+1}^*(x) \quad, \quad x \in I\!R \quad, \quad n \in I\!N \quad,$$

und

2.5 Zusammenhang zwischen Fourier-Reihen und Fourier-Integralen

$$\lim_{n\to\infty} \int_0^{2\pi} F_n^*(t)dt = \lim_{n\to\infty} \sum_{k=-n}^{n} \int_0^{2\pi} |f(t+2k\pi)|dt$$

$$= \lim_{n\to\infty} \sum_{k=-n}^{n} \int_{2k\pi}^{2(k+1)\pi} |f(t)|dt$$

$$= \lim_{n\to\infty} \int_{-2n\pi}^{2(n+1)\pi} |f(t)|dt$$

$$= \int_{-\infty}^{\infty} |f(t)|dt < \infty \ ,$$

da $f \in L_1(I\!R)$. Somit ist der Satz von Levi über die monotone Konvergenz anwendbar, und wir erhalten, daß die Funktion F^*,

$$F^*(x) := \lim_{n\to\infty} F_n^*(x) = \sum_{k=-\infty}^{\infty} |f(x+2k\pi)| \ ,$$

für fast alle $x \in I\!R$ wohldefiniert ist, aufgrund der absoluten Konvergenz der sie definierenden Reihe offenbar 2π-periodisch ist (Summationsindexverschiebung) und schließlich $F^* \in L_1^{2\pi}$ erfüllt. Beachtet man nun, daß aufgrund der Dreiecksungleichung

$$\left|\sum_{k=-n}^{n} f(x+2k\pi)\right| \leq F^*(x) \ , \quad x \in I\!R \ , \quad n \in I\!N \ ,$$

gilt, so folgt mit dem Satz von Lebesgue über die majorisierte Konvergenz auch unmittelbar, daß $f^*(x)$ fast überall wohldefiniert ist und $f^* \in L_1^{2\pi}$ gilt.

<u>(3) und (4)</u>: Da (3) ein Spezialfall von (4) ist (setze $g \equiv 1$), genügt es, (4) zu beweisen. Es sei also $g \in L_1^{2\pi}$ beliebig gegeben. Nach Definition und Satz 2.2.2 ist zunächst die Existenz der Faltungsintegrale

$$\int_{-\infty}^{\infty} g(x-t)f(t)dt$$

für fast alle $x \in I\!R$ nicht a priori gesichert, da $f \in L_1(I\!R)$ und $g \in L_1^{2\pi}$ gilt. Implizit folgt dies jedoch wegen $|g(x-\cdot)|F^* \in L_1^{2\pi}$ und $g(x-\cdot)f^* \in L_1^{2\pi}$, jeweils für fast alle $x \in I\!R$ (Nachweis analog zu Definition und Satz 2.2.2), unter erneuter Ausnutzung der Sätze von Levi und Lebesgue aus der folgenden, fast überall gültigen Identität, die dann auch direkt Aussage (4) umfaßt:

$$\int_{-\infty}^{\infty} g(x-t)f(t)dt = \sum_{k=-\infty}^{\infty} \int_{2k\pi}^{2(k+1)\pi} g(x-t)f(t)dt$$

$$= \sum_{k=-\infty}^{\infty} \int_0^{2\pi} g(x-t-2k\pi)f(t+2k\pi)dt$$

$$= \sum_{k=-\infty}^{\infty} \int_0^{2\pi} g(x-t)f(t+2k\pi)dt$$

$$= \int_0^{2\pi} g(x-t)\left(\sum_{k=-\infty}^{\infty} f(t+2k\pi)\right) dt$$

$$= \int_0^{2\pi} g(x-t)f^*(t)dt \ .$$

□

Der obige Satz enthält einen Spezialfall, der in Hinblick auf das weitere Vorgehen von entscheidender Bedeutung ist.

2.5.2 Korollar (Fourier-Koeffizienten und Fourier-Transformierte)

Es sei $f \in L_1(\mathbb{R})$ *beliebig gegeben und* $f^* \in L_1^{2\pi}$ *die gemäß*

$$f^*(x) := \sum_{k=-\infty}^{\infty} f(x+2k\pi) \ , \quad \text{für fast alle} \ x \in \mathbb{R} \ ,$$

zugeordnete 2π*-periodische Funktion. Dann gilt*

$$c_k(f^*) = \frac{1}{2\pi} f^\wedge(k) \ , \quad k \in \mathbb{Z} \ ,$$

d.h., bis auf eine Konstante sind die Fourier-Koeffizienten von f^* *mit der auf* $\mathbb{Z}$ *ausgewerteten Fourier-Transformierten von* f *identisch.*

2.5 Zusammenhang zwischen Fourier-Reihen und Fourier-Integralen

Beweis:
Setze in Satz 2.5.1, Teil (4), $g(x) := e^{ikx}$, wobei $k \in \mathbb{Z}$ beliebig und fest sein möge. Dann gilt für fast alle $x \in \mathbb{R}$

$$\int_0^{2\pi} e^{ikx-ikt} f^*(t) dt = \int_{-\infty}^{\infty} e^{ikx-ikt} f(t) dt$$

bzw.

$$e^{ikx} \int_0^{2\pi} f^*(t) e^{-ikt} dt = e^{ikx} \int_{-\infty}^{\infty} f(t) e^{-ikt} dt \ .$$

Da die letzte Identität für fast alle $x \in \mathbb{R}$ gilt, gibt es insbesondere ein $x \in \mathbb{R}$ mit $e^{ikx} \neq 0$, für die sie gültig ist. Dividiert man nun durch e^{ikx}, so folgt die Behauptung.
□

Nach diesen Vorüberlegungen sind wir nun in der Lage, die Poissonsche Summenformel zu beweisen.

2.5.3 Satz (Poissonsche Summenformel)

Es sei $f \in L_1(\mathbb{R}) \cap C(\mathbb{R})$ mit folgenden Eigenschaften gegeben:

$$(a) \quad \sum_{k=-\infty}^{\infty} \max_{x \in [0,2\pi]} |f(x + 2k\pi)| < \infty \ ,$$

$$(b) \quad \sum_{k=-\infty}^{\infty} |f^\wedge(k)| < \infty \ .$$

Dann gilt für alle $x \in \mathbb{R}$

$$2\pi \sum_{k=-\infty}^{\infty} f(x + 2k\pi) = \sum_{k=-\infty}^{\infty} f^\wedge(k) e^{ikx} \ ,$$

insbesondere also für $x = 0$

$$2\pi \sum_{k=-\infty}^{\infty} f(2k\pi) = \sum_{k=-\infty}^{\infty} f^\wedge(k) \ .$$

Beweis:

Es sei $x \in \mathbb{R}$ beliebig gegeben. Für die gemäß Satz 2.5.1 fast überall wohldefinierte 2π-periodische Funktion f^*,

$$f^*(x) = \sum_{k=-\infty}^{\infty} f(x + 2k\pi) \quad, \quad \text{für fast alle} \quad x \in \mathbb{R} \quad,$$

gilt aufgrund der Bedingung (a) nach dem Weierstraßschen Majorantenkriterium (Man beachte: $f \in C(\mathbb{R})$), daß die rechte Seite der definierenden Gleichung von f^* eine auf ganz $\mathbb{R}$ stetige Funktion ist. Wir dürfen also, eventuell nach Änderung von f^* auf einer Lebesgue-Nullmenge, o.B.d.A. $f^* \in C^{2\pi}$ voraussetzen. Damit ergibt sich unter Ausnutzung der wegen (b) und Korollar 2.5.2 geltenden Abschätzung

$$\sum_{k=-\infty}^{\infty} |c_k(f^*)| = \frac{1}{2\pi} \sum_{k=-\infty}^{\infty} |f^\wedge(k)| < \infty$$

mit Satz 1.5.1 unmittelbar die zu beweisende Identität

$$\begin{aligned}\sum_{k=-\infty}^{\infty} f(x + 2k\pi) &= f^*(x) \\ &= \sum_{k=-\infty}^{\infty} c_k(f^*) e^{ikx} \\ &= \frac{1}{2\pi} \sum_{k=-\infty}^{\infty} f^\wedge(k) e^{ikx} \quad, \quad x \in \mathbb{R} \quad.\end{aligned}$$

□

2.5.4 Aufgabe

1. Zeigen Sie, daß eine Funktion $f \in L_1(\mathbb{R}) \cap C(\mathbb{R})$ die Voraussetzungen (a) und (b) von Satz 2.5.3 erfüllt, wenn z.B. reelle Zahlen $M > 0$ und $\epsilon > 0$ existieren, so daß für alle $x \in \mathbb{R}$ gilt:

$$|f(x)| \leq M(1 + |x|)^{-1-\epsilon} \quad \text{und} \quad |f^\wedge(x)| \leq M(1 + |x|)^{-1-\epsilon} \quad.$$

2. Zeigen Sie unter Ausnutzung der Poissonschen Summenformel die Identität

$$2 \sum_{k=-\infty}^{\infty} \frac{1}{1 + (x + 2k\pi)^2} = \sum_{k=-\infty}^{\infty} e^{-|k|} e^{ikx} \quad, \quad x \in \mathbb{R} \quad.$$

2.5 Zusammenhang zwischen Fourier-Reihen und Fourier-Integralen

Wir kommen nun zu der bereits angedeuteten zweiten Anwendung des engen Zusammenhangs zwischen Fourier-Reihen und -Integralen, dem sogenannten Whittaker-Shannon-Kotelnikov-Abtasttheorem. Dazu ist es zweckmäßig, für die bereits in Satz 2.3.1 aufgetauchte Funktion $\frac{\sin x}{x}$ folgende Abkürzung einzuführen.

2.5.5 Definition (Die sinc-Funktion)

Im folgenden sei die sogenannte sinc-*Funktion (sinus cardinalis) definiert als*

$$\mathrm{sinc}(x) := \begin{cases} \frac{\sin x}{x} & , \ x \in I\!R \setminus \{0\} \ , \\ 1 & , \ x = 0 \ . \end{cases}$$

Mit Hilfe der sinc-Funktion ist es nun möglich, für die in der Signaltheorie häufig auftauchenden Funktion $f \in L_1(I\!R) \cap C(I\!R)$ mit $f^\wedge(x) = 0$, $|x| > W$, $W > 0$ fest, eine modifizierte Formulierung des Fourier-Inversionsresultats herzuleiten. Es sei an dieser Stelle bereits die triviale Bemerkung gestattet, daß für die Funktionen obigen Typs, die auch *bandbegrenzte* Funktionen genannt werden, offenbar $f^\wedge \in L_1(I\!R) \cap C(I\!R)$ gilt.

2.5.6 Satz (Fourier-Inversionsformel für bandbegrenzte Funktionen)

Es sei $W > 0$ und $f \in L_1(I\!R) \cap C(I\!R)$ bandbegrenzt auf $[-W, W]$, d.h.

$$f^\wedge(x) = 0 \ , \ |x| > W \ .$$

Dann gilt

$$f(x) = \frac{W}{\pi} \int\limits_{-\infty}^{\infty} f(t) \, \mathrm{sinc}(W(x-t)) dt \ , \ x \in I\!R \ .$$

Beweis:
Aufgrund der Bandbegrenztheit von f auf $[-W, W]$, der wegen $f, f^\wedge \in L_1(I\!R) \cap C(I\!R)$ für alle $x \in I\!R$ gültigen Fourier-Inversionsformel (vgl. Satz 2.3.2) sowie eines standard Fubini/Tonelli-Arguments ergibt sich für alle $x \in I\!R$:

$$f(x) = \frac{1}{2\pi} \int_{-\infty}^{\infty} f^{\wedge}(\xi) e^{ix\xi} d\xi$$

$$= \frac{1}{2\pi} \int_{-W}^{W} f^{\wedge}(\xi) e^{ix\xi} d\xi$$

$$= \frac{1}{2\pi} \int_{-W}^{W} \left(\int_{-\infty}^{\infty} f(t) e^{-i\xi t} dt \right) e^{ix\xi} d\xi$$

$$= \frac{1}{2\pi} \int_{-\infty}^{\infty} f(t) \left(\int_{-W}^{W} e^{i(x-t)\xi} d\xi \right) dt$$

$$= \frac{1}{2\pi} \int_{-\infty}^{\infty} f(t) \left[\frac{e^{i(x-t)\xi}}{i(x-t)} \right]_{-W}^{W} dt$$

$$= \frac{1}{2\pi} \int_{-\infty}^{\infty} f(t) \left(\frac{e^{i(x-t)W} - e^{-i(x-t)W}}{2i} \right) \frac{2}{x-t} dt$$

$$= \frac{1}{2\pi} \int_{-\infty}^{\infty} f(t) 2W \left(\frac{\sin((x-t)W)}{(x-t)W} \right) dt$$

$$= \frac{W}{\pi} \int_{-\infty}^{\infty} f(t) \operatorname{sinc}(W(x-t)) dt \ .$$

Damit ist die Behauptung des Satzes bewiesen.

$\square$

Der obige Satz besagt grob gesprochen, daß sich bandbegrenzte Funktionen aus $L_1(I\!R) \cap C(I\!R)$ als kontinuierliche Faltung mit der sinc-Funktion reproduzieren lassen. Daß diese Reproduktion sogar mit einer speziellen Art diskreter Faltung mit sinc möglich ist, ist Gegenstand des in der Literatur mit den Namen Whittaker, Shannon und Kotelnikov verbundenen sogenannten Abtasttheorems.

2.5 Zusammenhang zwischen Fourier-Reihen und Fourier-Integralen

2.5.7 Satz (Whittaker-Shannon-Kotelnikov-Abtasttheorem)

Es sei $W > 0$ *und* $f \in L_1(\mathbb{R}) \cap C(\mathbb{R})$ *bandbegrenzt auf* $[-W, W]$, *also*

$$f^\wedge(x) = 0 \ , \ |x| > W \ .$$

Dann gilt

$$f(x) = \sum_{k=-\infty}^{\infty} f\left(\frac{k\pi}{W}\right) \operatorname{sinc}(Wx - k\pi) \ , \ x \in \mathbb{R} \ .$$

Beweis:
In einem ersten Schritt ordnen wir der Funktion $f^\wedge \in L_1(\mathbb{R}) \cap C(\mathbb{R})$ ein $2W$-periodisches Analogon zu gemäß

$$f_p^\wedge(x + 2kW) := f^\wedge(x) \ , \ x \in [-W, W) \ , \ k \in \mathbb{Z} \ .$$

Für die zugehörige 2π-periodische Funktion $f_p^\wedge\left(\frac{W}{\pi}\cdot\right)$ gilt offenbar

$$f_p^\wedge\left(\frac{W}{\pi}\cdot\right) \in L_1^{2\pi} \cap C^{2\pi} \subset L_2^{2\pi} \ .$$

Damit ist auf $f_p^\wedge\left(\frac{W}{\pi}\cdot\right)$ natürlich insbesondere der $L_2^{2\pi}$-Konvergenzsatz 1.2.14 für die Fourier-Reihen anwendbar, d.h. es gilt

$$\lim_{n \to \infty} \left\| f_p^\wedge\left(\frac{W}{\pi}\cdot\right) - F_n\left(f_p^\wedge\left(\frac{W}{\pi}\cdot\right)\right) \right\|_2^{[0,2\pi]}$$

$$= \lim_{n \to \infty} \left(\int_0^{2\pi} \left| f_p^\wedge\left(\frac{Wt}{\pi}\right) - \sum_{k=-n}^{n} c_k\left(f_p^\wedge\left(\frac{W}{\pi}\cdot\right)\right) e^{ikt} \right|^2 dt \right)^{\frac{1}{2}}$$

$$= \lim_{n \to \infty} \left(\int_{-\pi}^{\pi} \left| f_p^\wedge\left(\frac{Wt}{\pi}\right) - \sum_{k=-n}^{n} c_k\left(f_p^\wedge\left(\frac{W}{\pi}\cdot\right)\right) e^{ikt} \right|^2 dt \right)^{\frac{1}{2}}$$

$$= 0 \ .$$

Weiter ist wegen $f, f^\wedge \in L_1(\mathbb{R}) \cap C(\mathbb{R})$ der lokale Inversionssatz 2.3.2 anwendbar, so daß für alle $x \in \mathbb{R}$ die Identität

$$f(x) = \frac{1}{2\pi} \int_{-\infty}^{\infty} f^\wedge(t) e^{ixt} dt$$

$$= \frac{1}{2\pi} \int_{-W}^{W} f^\wedge(t) e^{ixt} dt$$

gültig ist. Speziell für $x = \frac{k\pi}{W}$, $k \in \mathbb{Z}$, ergibt sich

$$\begin{aligned}
f\left(\frac{k\pi}{W}\right) &= \frac{1}{2\pi} \int_{-W}^{W} f^{\wedge}(t) e^{i\frac{k\pi}{W}t} dt \qquad \left(\frac{\pi}{W}t =: \tau\right) \\
&= \frac{W}{2\pi^2} \int_{-\pi}^{\pi} f^{\wedge}\left(\frac{W}{\pi}\tau\right) e^{ik\tau} d\tau \\
&= \frac{W}{2\pi^2} \int_{-\pi}^{\pi} f_p^{\wedge}\left(\frac{W}{\pi}\tau\right) e^{ik\tau} d\tau \\
&= \frac{W}{\pi} \left(\frac{1}{2\pi} \int_{0}^{2\pi} f_p^{\wedge}\left(\frac{W}{\pi}\tau\right) e^{ik\tau} d\tau\right) \\
&= \frac{W}{\pi} c_{-k}\left(f_p^{\wedge}\left(\frac{W}{\pi}\cdot\right)\right) \ .
\end{aligned}$$

Es sei nun $x \in \mathbb{R}$ beliebig gegeben. Wegen

$$\begin{aligned}
\frac{1}{2W} \int_{-W}^{W} e^{i(x-\frac{k\pi}{W})t} dt &= \frac{1}{2} \int_{-1}^{1} e^{i(Wx-k\pi)\tau} d\tau \qquad \left(\frac{t}{W} =: \tau\right) \\
&= \frac{1}{2} \left[\frac{e^{i(Wx-k\pi)\tau}}{i(Wx-k\pi)}\right]_{-1}^{1} \\
&= \frac{1}{2i} \left(\frac{e^{i(Wx-k\pi)} - e^{-i(Wx-k\pi)}}{Wx - k\pi}\right) \\
&= \frac{\sin(Wx - k\pi)}{Wx - k\pi} \\
&= \operatorname{sinc}(Wx - k\pi) \ , \ k \in \mathbb{Z} \ ,
\end{aligned}$$

erhalten wir insgesamt unter Anwendung der Cauchy-Schwarzschen Ungleichung (hier bezüglich des Integrationsintervalls $[-\pi, \pi]$ anstelle von $[0, 2\pi]$):

2.5 Zusammenhang zwischen Fourier-Reihen und Fourier-Integralen

$$\lim_{n\to\infty} \left| f(x) - \sum_{k=-n}^{n} f\left(\frac{k\pi}{W}\right) \operatorname{sinc}(Wx - k\pi) \right|$$

$$= \lim_{n\to\infty} \left| \frac{1}{2\pi} \int_{-W}^{W} f^{\wedge}(t) e^{ixt} dt - \sum_{k=-n}^{n} \frac{W}{\pi} c_{-k}\left(f_p^{\wedge}\left(\frac{W}{\pi}\cdot\right)\right) \frac{1}{2W} \int_{-W}^{W} e^{i(x-\frac{k\pi}{W})t} dt \right|$$

$$= \lim_{n\to\infty} \frac{1}{2\pi} \left| \int_{-W}^{W} \left(f^{\wedge}(t) - \sum_{k=-n}^{n} c_{-k}\left(f_p^{\wedge}\left(\frac{W}{\pi}\cdot\right)\right) e^{-i\frac{k\pi}{W}t} \right) e^{ixt} dt \right|$$

$$= \lim_{n\to\infty} \frac{W}{2\pi^2} \left| \int_{-\pi}^{\pi} \left(f^{\wedge}\left(\frac{W}{\pi}\tau\right) - \sum_{k=-n}^{n} c_{-k}\left(f_p^{\wedge}\left(\frac{W}{\pi}\cdot\right)\right) e^{-ik\tau} \right) e^{ix\frac{W}{\pi}\tau} d\tau \right|$$

$$= \lim_{n\to\infty} \frac{W}{2\pi^2} \left| \int_{-\pi}^{\pi} \left(f_p^{\wedge}\left(\frac{W}{\pi}\tau\right) - \sum_{k=-n}^{n} c_k\left(f_p^{\wedge}\left(\frac{W}{\pi}\cdot\right)\right) e^{ik\tau} \right) e^{ix\frac{W}{\pi}\tau} d\tau \right|$$

$$\leq \lim_{n\to\infty} \frac{W}{2\pi^2} \left(\int_{-\pi}^{\pi} \left| f_p^{\wedge}\left(\frac{W}{\pi}\tau\right) - \sum_{k=-n}^{n} c_k\left(f_p^{\wedge}\left(\frac{W}{\pi}\cdot\right)\right) e^{ik\tau} \right|^2 d\tau \right)^{\frac{1}{2}}$$

$$\cdot \underbrace{\left(\int_{-\pi}^{\pi} \left| e^{ix\frac{W}{\pi}\tau} \right|^2 d\tau \right)^{\frac{1}{2}}}_{=\sqrt{2\pi}}$$

$$= 0 \ .$$

Also gilt wie behauptet

$$f(x) = \sum_{k=-\infty}^{\infty} f\left(\frac{k\pi}{W}\right) \operatorname{sinc}(Wx - k\pi) \ , \quad x \in \mathbb{R} \ .$$

□

2.5.8 Bemerkung (Anwendungsaspekte des Abtasttheorems)

In signaltheoretischer Terminologie läßt sich das Whittaker-Shannon-Kotelnikov-Abtasttheorem wie folgt formulieren: Jedes auf $[-W, W]$ bandbegrenzte stetige Signal f mit endlicher Energie, d.h. jedes stetige Signal f mit Frequenzen kleiner als W und endlichem Integral (Man beachte: $f \in L_1(\mathbb{R}) \cap C(\mathbb{R}) \Rightarrow f \in L_2(\mathbb{R})$), läßt sich vollständig aus den abzählbar unendlich vielen Abtastwerten $\left(f\left(\frac{k\pi}{W}\right)\right)_{k\in\mathbb{Z}}$ rekonstruieren. Dieser Satz sowie seine zahlreichen Verallgemeinerungen sind z.B. von zentraler Bedeutung bei der Digitalisierung kontinuierlicher Information sowie ihrer Rückgewinnung aus der Diskretisierung (CD-Technik, Bildverarbeitung, ISDN, etc.).

2.6 Lösungshinweise zu den Übungsaufgaben

Zu Aufgabe 2.2.1

Es seien im folgenden $f, g \in L_1(I\!R)$, $\alpha, \beta \in C$ sowie $x \in I\!R$ beliebig gegeben.

1. Die Linearität des Fourier-Integrals ist eine unmittelbare Konsequenz der Linearität des Integrals schlechthin:

$$(\alpha f + \beta g)^\wedge(x) = \int_{-\infty}^{\infty} (\alpha f(t) + \beta g(t))e^{-ixt}dt$$

$$= \alpha \int_{-\infty}^{\infty} f(t)e^{-ixt}dt + \beta \int_{-\infty}^{\infty} g(t)e^{-ixt}dt$$

$$= \alpha f^\wedge(x) + \beta g^\wedge(x) \ .$$

2. Aufgrund der Vertauschbarkeit von Konjugation und Integration ergibt sich:

$$\overline{f^\wedge(x)} = \overline{\int_{-\infty}^{\infty} f(t)e^{-ixt}dt}$$

$$= \int_{-\infty}^{\infty} \bar{f}(t)e^{ixt}dt$$

$$= \bar{f}^\wedge(-x) \ .$$

3. Mit 1. und 2. aus:

$$(\text{Re } f)^\wedge(x) = \left(\frac{1}{2}(f + \bar{f})\right)^\wedge(x)$$

$$= \frac{1}{2}(f^\wedge(x) + \bar{f}^\wedge(x))$$

$$= \frac{1}{2}(f^\wedge(x) + \overline{f^\wedge(-x)}) \ .$$

2.6 Lösungshinweise zu den Übungsaufgaben

4. Mit 1. und 2. aus:

$$\begin{aligned}(\operatorname{Im} f)^\wedge(x) &= \left(\frac{1}{2i}(f - \bar{f})\right)^\wedge(x) \\ &= \frac{1}{2i}(f^\wedge(x) - \bar{f}^\wedge(x)) \\ &= \frac{1}{2i}(f^\wedge(x) - \overline{f^\wedge(-x)}) \ .\end{aligned}$$

5. Aufgrund der Linearität des Integrals ergibt sich

$$\begin{aligned}f^\wedge(x) &= \int_{-\infty}^{\infty} f(t)e^{-ixt}dt \\ &= \int_{-\infty}^{\infty} (\operatorname{Re} f(t) + i \operatorname{Im} f(t))(\cos xt - i\sin xt)dt \\ &= \int_{-\infty}^{\infty} \operatorname{Re} f(t) \cos xt \ dt + \int_{-\infty}^{\infty} \operatorname{Im} f(t) \sin xt \ dt \\ &\quad + i\left(-\int_{-\infty}^{\infty} \operatorname{Re} f(t) \sin xt \ dt + \int_{-\infty}^{\infty} \operatorname{Im} f(t) \cos xt \ dt\right) \ ,\end{aligned}$$

also

$$\operatorname{Re} f^\wedge(x) = \int_{-\infty}^{\infty} \operatorname{Re} f(t) \cos xt \ dt + \int_{-\infty}^{\infty} \operatorname{Im} f(t) \sin xt \ dt \ .$$

6. Mit der Identität aus 5. folgt entsprechend

$$\operatorname{Im} f^\wedge(x) = -\int_{-\infty}^{\infty} \operatorname{Re} f(t) \sin xt \ dt + \int_{-\infty}^{\infty} \operatorname{Im} f(t) \cos xt \ dt \ .$$

7. Unmittelbare Konsequenz aus 3. und 4.

8. Folgt mit dem Satz von Lebesgue über die majorisierte Konvergenz aus:

$$\lim_{h \to 0} |f^\wedge(x+h) - f^\wedge(x)| = \lim_{h \to 0} \left| \int_{-\infty}^{\infty} f(t) \left(e^{-i(x+h)t} - e^{-ixt} \right) dt \right|$$

$$\leq \lim_{h \to 0} \int_{-\infty}^{\infty} |f(t)||e^{-iht} - 1| dt$$

$$= \int_{-\infty}^{\infty} |f(t)| \lim_{h \to 0} |1 - e^{-iht}| dt$$

$$= 0 \ .$$

9. Folgt sofort aus:

$$|f^\wedge(x)| = \left| \int_{-\infty}^{\infty} f(t) e^{-ixt} dt \right| \leq \int_{-\infty}^{\infty} |f(t)| dt \ .$$

Zu Aufgabe 2.2.6

Es sei $x \in I\!R \setminus \{0\}$ beliebig gegeben. Dann gilt

$$P^\wedge(x) = \int_{-\infty}^{\infty} e^{-|t|} e^{-ixt} dt$$

$$= \int_{-\infty}^{\infty} e^{-|t|} \cos xt \, dt - i \underbrace{\int_{-\infty}^{\infty} e^{-|t|} \sin xt \, dt}_{=0 \ (\text{ungerade Fkt.})}$$

$$= 2 \int_{0}^{\infty} e^{-t} \cos xt \, dt$$

$$= 2 \left[\frac{e^{-t}}{1+x^2} (-\cos xt + x \sin xt) \right]_{0}^{\infty}$$

$$= \frac{2}{1+x^2} \ .$$

2.6 Lösungshinweise zu den Übungsaufgaben

Den Fall $x = 0$ verifiziert man wegen

$$\int_{-\infty}^{\infty} e^{-|t|} dt = 2$$

direkt.

Zu Aufgabe 2.2.14

1. Setze

$$f(x) := \begin{cases} \frac{1}{\sqrt{x}} &, x \in (0,1) \,, \\ 0 &, x \in I\!R \setminus (0,1) \,. \end{cases}$$

f ist offenbar meßbar. Ferner gilt

$$\int_{-\infty}^{\infty} |f(x)| dx = \int_{0}^{1} \frac{1}{\sqrt{x}} dx = [2\sqrt{x}]_o^1 = 2 < \infty \,,$$

aber

$$\int_{-\infty}^{\infty} |f(x)|^2 dx = \int_{0}^{1} \frac{1}{x} dx = [\ln x]_o^1 = \infty \,.$$

Also gilt $f \in L_1(I\!R)$ und $f \notin L_2(I\!R)$.

2. Setze

$$g(x) := \begin{cases} \frac{1}{x} &, x \geq 1 \,, \\ 0 &, x < 1 \,. \end{cases}$$

g ist offenbar meßbar. Ferner gilt

$$\int_{-\infty}^{\infty} |g(x)|^2 dx = \int_{1}^{\infty} \frac{1}{x^2} dx = \left[\frac{-1}{x}\right]_1^{\infty} = 1 < \infty \,,$$

aber

$$\int_{-\infty}^{\infty} |g(x)| dx = \int_{1}^{\infty} \frac{1}{x} dx = [\ln x]_1^{\infty} = \infty \,.$$

Also gilt $g \in L_2(I\!R)$ und $g \notin L_1(I\!R)$.

Zu Aufgabe 2.2.20

Es seien $f, g \in L_2(I\!R)$ gegeben und $r := f + g$ sowie $s := f + ig$. Da $r, s \in L_2(I\!R)$ erhält man mit der Parsevalschen Gleichung aus Satz 2.2.19

$$\begin{aligned} \|r\|_2^2 &= \langle f+g, f+g \rangle \\ &= \langle f,f \rangle + \langle f,g \rangle + \langle g,f \rangle + \langle g,g \rangle \\ &= \|f\|_2^2 + \langle f,g \rangle + \overline{\langle f,g \rangle} + \|g\|_2^2 \\ &= \|f\|_2^2 + 2\operatorname{Re}\langle f,g \rangle + \|g\|_2^2 \ , \end{aligned}$$

$$\begin{aligned} \|r\|_2^2 &= \tfrac{1}{2\pi}\|r^\wedge\|_2^2 \\ &= \tfrac{1}{2\pi} \langle f^\wedge + g^\wedge, f^\wedge + g^\wedge \rangle \\ &= \tfrac{1}{2\pi} \langle f^\wedge, f^\wedge \rangle + \tfrac{1}{2\pi} \langle f^\wedge, g^\wedge \rangle + \tfrac{1}{2\pi} \langle g^\wedge, f^\wedge \rangle + \tfrac{1}{2\pi} \langle g^\wedge, g^\wedge \rangle \\ &= \tfrac{1}{2\pi}\|f^\wedge\|_2^2 + \tfrac{1}{2\pi}\langle f^\wedge, g^\wedge \rangle + \tfrac{1}{2\pi}\overline{\langle f^\wedge, g^\wedge \rangle} + \tfrac{1}{2\pi}\|g^\wedge\|_2^2 \\ &= \|f\|_2^2 + \tfrac{1}{2\pi}(2\operatorname{Re}\langle f^\wedge, g^\wedge \rangle) + \|g\|_2^2 \ , \end{aligned}$$

d.h. nach Subtraktion der beiden Identitäten

$$\operatorname{Re}\langle f,g \rangle = \frac{1}{2\pi}\operatorname{Re}\langle f^\wedge, g^\wedge \rangle \ .$$

Entsprechend ergibt sich für s

$$\begin{aligned} \|s\|_2^2 &= \|f\|_2^2 + \langle f, ig \rangle + \langle ig, f \rangle + \|g\|_2^2 \\ &= \|f\|_2^2 - i\langle f,g \rangle + i\overline{\langle f,g \rangle} + \|g\|_2^2 \\ &= \|f\|_2^2 + (2\operatorname{Im}\langle f,g \rangle) + \|g\|_2^2 \ , \end{aligned}$$

$$\begin{aligned} \|s\|_2^2 &= \tfrac{1}{2\pi}\|s^\wedge\|_2^2 \\ &= \|f\|_2^2 + \tfrac{1}{2\pi}\langle f^\wedge, ig^\wedge \rangle + \tfrac{1}{2\pi}\langle ig^\wedge, f^\wedge \rangle + \|g\|_2^2 \\ &= \|f\|_2^2 - \tfrac{1}{2\pi}i\langle f^\wedge, g^\wedge \rangle + \tfrac{1}{2\pi}i\overline{\langle f^\wedge, g^\wedge \rangle} + \|g\|_2^2 \\ &= \|f\|_2^2 + \left(\tfrac{1}{2\pi}2\operatorname{Im}\langle f^\wedge, g^\wedge \rangle\right) + \|g\|_2^2 \ , \end{aligned}$$

also nach erneuter Subtraktion der beiden Gleichungen

$$\operatorname{Im}\langle f,g \rangle = \frac{1}{2\pi}\operatorname{Im}\langle f^\wedge, g^\wedge \rangle \ .$$

Insgesamt folgt damit

2.6 Lösungshinweise zu den Übungsaufgaben

$$\langle f, g \rangle = \frac{1}{2\pi} \langle f^\wedge, g^\wedge \rangle$$

bzw.

$$\int_{-\infty}^{\infty} f(t)\overline{g(t)}dt = \frac{1}{2\pi} \int_{-\infty}^{\infty} f^\wedge(t)\overline{g^\wedge(t)}dt .$$

Damit ist die erste Identität bewiesen.

Zum Nachweis der zweiten Gleichung nehmen wir zunächst an, daß $f, g \in L_1(\mathbb{R}) \cap L_2(\mathbb{R})$ gilt. Wendet man nun auf die Funktion $h : \mathbb{R}^2 \to \mathbb{C}$,

$$h(t, \xi) := f(t)g(\xi)e^{-it\xi} , \quad (t, \xi) \in \mathbb{R}^2 ,$$

das Fubini/Tonelli-Resultat an, so ergibt sich

$$\int_{-\infty}^{\infty} f(t)g^\wedge(t)dt = \int_{-\infty}^{\infty} f(t) \int_{-\infty}^{\infty} g(\xi)e^{-it\xi}d\xi \, dt$$

$$= \int_{-\infty}^{\infty} g(\xi) \int_{-\infty}^{\infty} f(t)e^{-it\xi}dt \, d\xi$$

$$= \int_{-\infty}^{\infty} g(\xi)f^\wedge(\xi)d\xi .$$

Also gilt die zu beweisende Identität zunächst einmal auf $L_1(\mathbb{R}) \cap L_2(\mathbb{R})$.

Es seien nun $f, g \in L_2(\mathbb{R})$ gegeben und die Folgen $(f_n)_{n \in \mathbb{N}_o}$ und $(g_m)_{m \in \mathbb{N}_o}$ in $L_1(\mathbb{R}) \cap L_2(\mathbb{R})$ wieder definiert als

$$f_n(x) := \left\{ \begin{array}{ll} f(x) & , \; |x| \leq n \\ 0 & , \; |x| > n \end{array} \right\} , \quad x \in \mathbb{R} , \; n \in \mathbb{N}_o ,$$

$$g_m(x) := \left\{ \begin{array}{ll} g(x) & , \; |x| \leq m \\ 0 & , \; |x| > m \end{array} \right\} , \quad x \in \mathbb{R} , \; m \in \mathbb{N}_o .$$

Dann gilt nach dem bereits Bewiesenen für alle $n, m \in \mathbb{N}_o$

$$\int_{-\infty}^{\infty} f_n(t)g_m^\wedge(t)dt = \int_{-\infty}^{\infty} f_n^\wedge(t)g_m(t)dt .$$

Für festes $m \in \mathbb{N}_o$ gilt für die linke Seite der obigen Identität aufgrund der Cauchy-Schwarzschen Ungleichung

$$\lim_{n\to\infty}\left|\int_{-\infty}^{\infty} f_n(t)g_m^\wedge(t)dt - \int_{-\infty}^{\infty} f(t)g_m^\wedge(t)dt\right|$$

$$= \lim_{n\to\infty}\left|\int_{-\infty}^{\infty}(f_n(t)-f(t))g_m^\wedge(t)dt\right|$$

$$\leq \lim_{n\to\infty}\|f_n - f\|_2\, \|g_m^\wedge\|_2$$

$$= 0\ ,$$

also

$$\lim_{n\to\infty}\int_{-\infty}^{\infty} f_n(t)g_m^\wedge(t)dt = \int_{-\infty}^{\infty} f(t)g_m^\wedge(t)dt\ ,\ m\in\mathbb{N}_o\ .$$

Entsprechend erhält man für die rechte Seite der Identität für jedes feste $m \in \mathbb{N}_o$ unter Ausnutzung von Satz 2.2.16

$$\lim_{n\to\infty}\left|\int_{-\infty}^{\infty} f_n^\wedge(t)g_m(t)dt - \int_{-\infty}^{\infty} f^\wedge(t)g_m(t)dt\right|$$

$$= \lim_{n\to\infty}\left|\int_{-\infty}^{\infty}(f_n^\wedge(t)-f^\wedge(t))g_m(t)dt\right|$$

$$\leq \lim_{n\to\infty}\|f_n^\wedge - f^\wedge\|_2\, \|g_m\|_2$$

$$= 0\ ,$$

also

$$\lim_{n\to\infty}\int_{-\infty}^{\infty} f_n^\wedge(t)g_m(t)dt = \int_{-\infty}^{\infty} f^\wedge(t)g_m(t)dt\ .$$

Insgesamt ist damit für alle $m \in \mathbb{N}_o$ gezeigt

$$\int_{-\infty}^{\infty} f(t)g_m^\wedge(t)dt = \int_{-\infty}^{\infty} f^\wedge(t)g_m(t)dt\ ,$$

Wendet man nun die obigen Argumente abermals an, diesmal bzgl. m, so folgt wie behauptet

$$\int_{-\infty}^{\infty} f(t)g^\wedge(t)dt = \int_{-\infty}^{\infty} f^\wedge(t)g(t)dt\ .$$

2.6 Lösungshinweise zu den Übungsaufgaben

Zu Aufgabe 2.4.3

Es seien $f, g, h \in L_1(I\!R)$ beliebig gegeben. Da das Faltungsprodukt zweier $L_1(I\!R)$-Funktionen nach Definition und Satz 2.2.2 selbst wieder eine $L_1(I\!R)$-Funktion ist, sind zunächst die assoziativen Verknüpfungen wohldefiniert. Für beliebig gegebenes $x \in I\!R$ erhält man nun mittels einfacher Substitution sowie Anwendung des üblichen Fubini/Tonelli-Arguments:

$$\begin{aligned}
((f * g) * h)(x) &= \int_{-\infty}^{\infty} (f * g)(x - t) h(t) dt \\
&= \int_{-\infty}^{\infty} \left(\int_{-\infty}^{\infty} f(x - t - \xi) g(\xi) d\xi \right) h(t) dt \qquad (\xi =: \tau - t) \\
&= \int_{-\infty}^{\infty} \left(\int_{-\infty}^{\infty} f(x - \tau) g(\tau - t) d\tau \right) h(t) dt \\
&= \int_{-\infty}^{\infty} f(x - \tau) \left(\int_{-\infty}^{\infty} g(\tau - t) h(t) dt \right) d\tau \\
&= (f * (g * h))(x) \ .
\end{aligned}$$

Die Aussagen für die Fourier-Transformierten folgen nun unmittelbar aus Satz 2.2.3; insbesondere ist es legitim, die Klammern bei der Faltung von drei und mehr Funktionen fortzulassen.

Zu Aufgabe 2.5.4

1. Es sei $f \in L_1(I\!R) \cap C(I\!R)$ eine Funktion für die reelle Zahlen $M > 0$ und $\epsilon > 0$ existieren, so daß gilt

$$|f(x)| \leq M(1 + |x|)^{-1-\epsilon} \quad , \quad x \in I\!R \ ,$$
$$|f^\wedge(x)| \leq M(1 + |x|)^{-1-\epsilon} \quad , \quad x \in I\!R \ .$$

Dann erhält man aufgrund der Summierbarkeit von $(1 + |k|^{-1-\epsilon})_{k \in \mathbb{Z}}$,

$$\sum_{k=-\infty}^{\infty} (1 + |k|)^{-1-\epsilon} < \infty \ ,$$

die Abschätzungen:

$$\sum_{k=-\infty}^{\infty} \max_{x\in[0,2\pi]} |f(x+2k\pi)|$$

$$\leq \sum_{k=-\infty}^{\infty} M \max_{x\in[0,2\pi]} (1+|x+2k\pi|)^{-1-\epsilon}$$

$$= M \max_{x\in[0,2\pi]} (1+|x|)^{-1-\epsilon}$$

$$+ \sum_{k=1}^{\infty} M \max_{x\in[0,2\pi]} (1+|x+2k\pi|)^{-1-\epsilon}$$

$$+ \sum_{k=-\infty}^{-1} M \max_{x\in[0,2\pi]} (1+|x+2k\pi|)^{-1-\epsilon}$$

$$\leq M \left(1 + \sum_{k=1}^{\infty}(1+2k\pi)^{-1-\epsilon} + \sum_{k=-\infty}^{-1}(1+2(-1-k)\pi)^{-1-\epsilon}\right)$$

$$\leq 2M \sum_{k=-\infty}^{\infty} (1+|k|)^{-1-\epsilon} ,$$

$$\sum_{k=-\infty}^{\infty} |f^\wedge(k)| \leq \sum_{k=-\infty}^{\infty} M(1+|k|)^{-1-\epsilon}$$

$$= M \sum_{k=-\infty}^{\infty} (1+|k|)^{-1-\epsilon} .$$

Also sind für f die Voraussetzungen (a) und (b) von Satz 2.5.3 erfüllt.

2. Wir wenden die Poissonsche Summenformel 2.5.3 an auf die Funktion $p: I\!R \to I\!R$,

$$p(x) := \frac{2}{1+x^2} , \quad x \in I\!R .$$

Gemäß Aufgabe 2.2.6 sowie Satz 2.3.2 gilt für (den nichtnormierten Poisson-Kern) p,

$$p^\wedge(x) = \int_{-\infty}^{\infty} p(t)e^{-ixt}dt$$
$$= \int_{-\infty}^{\infty} P^\wedge(t)e^{-ixt}dt$$
$$= 2\pi P(-x) , \quad x \in I\!R ,$$

wobei $P: I\!R \to I\!R$,

$$P(x) := e^{-|x|} , \quad x \in I\!R ,$$

2.6 Lösungshinweise zu den Übungsaufgaben

den Picard-Kern bezeichne. Da p somit offensichtlich die Voraussetzungen (a) und (b) von Satz 2.5.3 erfüllt, erhalten wir mit der Poissonschen Summenformel wie behauptet

$$2 \sum_{k=-\infty}^{\infty} \frac{1}{1+(x+2k\pi)^2} = \sum_{k=-\infty}^{\infty} e^{-|k|} e^{ikx} \quad , \quad x \in \mathbb{R} \quad .$$

Kapitel 3

Laplace-Integrale

3.1 Einleitung

Wenn man sich den Inhalt des letzten Kapitels noch einmal kurz vor Augen führt, so ist auffallend, daß die relativ starken Wachstumsbeschränkungen für die zu analysierenden Funktionen $f : {\rm I\!R} \to C$, i.a. $f \in L_1({\rm I\!R})$, der Anwendung der Fourier-Transformation enge Grenzen setzen. Selbst nach der mit großem Aufwand erreichten Fortsetzung der Fourier-Transformation auf $L_2({\rm I\!R})$ bleiben ihr Funktionen f, die z.B. für $t \to \infty$ nicht gegen Null konvergieren, immer noch versagt. Dieses Defizit vor Augen hat man sich folgenden Kunstgriffs bedient: Zunächst interessiert man sich nur für sogenannte *kausale (Zeit-) Funktionen*, d.h. für Funktionen $f : {\rm I\!R} \to C$ mit $f(t) = 0$ für $t < 0$. Desweiteren führt man im definierenden Integral für die Fourier-Transformation einen exponentiellen Faktor mit *reellem* Argument ein und kommt so zu einer vom Parameter $y \in {\rm I\!R}$ abhängigen Funktion $F_y : {\rm I\!R} \to C$,

$$F_y(x) := \int_0^\infty f(t) e^{-yt} e^{-ixt} dt \ , \quad x \in {\rm I\!R} \ ,$$

die sich wegen $f(t) = 0$, $t < 0$, formal als Fourier-Transformierte der modifizierten Funktion $f_y : {\rm I\!R} \to C$,

$$f_y(t) := f(t) e^{-yt} \ , \quad t \in {\rm I\!R} \ ,$$

deuten läßt, also

$$(f_y)^\wedge(x) = F_y(x) \ , \quad x \in {\rm I\!R} \ .$$

Das Bemerkenswerte an dieser neuen parameterabhängigen Funktion F_y bzw. an den Fourier-Transformierten von f_y ist, daß für $y > 0$ eine exponentiell gedämpfte Variante von f zu integrieren ist und damit das qualitative Verhalten von $f(t)$ für $t \to \infty$ wesentlich allgemeiner sein darf, als bei der "reinen" Fourier-Transformierten. Das hat dazu geführt, diese Art von Transformation im Detail zu untersuchen und

3.1 Einleitung

ihr in der Literatur einen eigenen Namen zu geben. Mit dem komplexen Argument $z \in C$,

$$z := y + ix ,$$

geht die parameterabhängige Funktion F_y über in die sogenannte *Laplace-Transformierte* $f^\sim$ von f,

$$f^\sim(z) := F_y(x) = (f_y)^\wedge(x) = \int\limits_0^\infty f(t) e^{-zt} dt ,$$

die natürlich in Abhängigkeit von f i.a. nur für einen hinreichend großen dämpfenden Beitrag von e^{-zt} wohldefiniert ist, also in der Regel für $z \in C$ mit der Eigenschaft $\operatorname{Re} z = y > \alpha$. Das folgende Kapitel hat die Untersuchung dieser neuen Integraltransformation zum Inhalt.

In <u>Abschnitt 3.2</u> geben wir zunächst eine korrekte Definition der Laplace-Transformation an und präzisieren, für welche Elemente $z \in C$ die Transformation in Abhängigkeit vom qualitativen Verhalten von f für große t Sinn macht (Stichwort: Konvergenzhalbebene). Desweiteren stellen wir einige grundlegende Rechenregeln für den Umgang mit der Laplace-Transformation bereit und rechnen für die wichtigsten elementaren Funktionen die Laplace-Transformierten explizit aus.

In <u>Abschnitt 3.3</u> kommen wir dann auf den engen Zusammenhang zwischen Laplace- und Fourier-Transformation zurück und formulieren – neben einigen anderen einfachen Konsequenzen – eine erste reelle Variante der Laplaceschen Inversionsformel. Aufbauend auf diesem Resultat sowie einem ersten Blick auf die Glattheits- bzw. Differenzierbarkeitseigenschaften der Laplace-Transformierten als komplexe Funktion einer komplexen Veränderlichen können wir dann eine vorläufige Version der komplexen Inversionsformel für Laplace-Integrale herleiten. Schon hier zeigt es sich, daß der gewöhnliche Lebesguesche Integralbegriff zu unflexibel ist, um zu einem vollends überzeugenden Inversionsresultat zu kommen, so daß sich die Einführung der Cauchy-Hauptwert-Integrale geradezu aufdrängt.

In <u>Abschnitt 3.4</u> werden dann – wie nicht anders zu erwarten – zunächst die Cauchy-Hauptwert-Integrale eingeführt und ihre Unterschiede zum gewöhnlichen Lebesgue-Integral dargelegt. Mit diesem neuen Integralbegriff in Händen wenden wir uns dann noch einmal gezielt der Fourier-Transformation zu und können lokale Inversionsresultate basierend auf Cauchy-Hauptwert-Integralen formulieren, die eine geradezu frappierende Analogie zu den Resultaten bei der Untersuchung der Konvergenz der

Fourier-Reihen erkennen lassen. Stichwortartig seien genannt: Riemannsches Lokalisationsprinzip, Dini-Bedingung, Dirichlet-Jordan-Resultat, etc.. Anschließend erinnert man sich wieder an den engen Zusammenhang zwischen Fourier- und Laplace-Transformation und kommt so mühelos zu entsprechenden Cauchy-Hauptwert-Typ Inversionsresultaten für die Laplace-Transformation.

Im letzten Abschnitt 3.5 wenden wir schließlich die Laplace-Transformation an, um spezielle lineare Anfangswertprobleme n-ter Ordnung mit konstanten Koeffizienten zu lösen. Hier wird es sich als äußerst hilfreich erweisen, daß wir in Abschnitt 3.2 bereits eine Fülle expliziter Transformationsformeln zusammengetragen haben, auf die wir nun zugreifen können. Ein Beispiel und eine Aufgabe, in denen diese sogenannte Laplacesche Lösungsstrategie vorgeführt wird, bilden dann den Abschluß dieses Kapitels.

3.2 Laplace-Integrale spezieller Funktionen – Grundlegende Eigenschaften –

In Analogie zu Kapitel 2 bezeichne im folgenden $L_1(G)$, $G \subset I\!R$ meßbar, den Raum aller auf G erklärten komplexwertigen Lebesgue-integrierbaren Funktionen. Da wir – wie bereits in den vorausgegangenen Kapiteln – auf distributionelle Argumente verzichten möchten, konzentrieren wir uns bei der Laplace-Transformation ausschließlich auf kompakt Lebesgue-integrierbare Funktionen vom sogenannten *Exponentialtyp*, d.h. wir definieren für $\alpha \in I\!R$ und $I\!R_+ := [0, \infty)$:

$$LE_\alpha(I\!R_+) := \{f : [0, \infty) \to C \mid f \cdot \exp(-\beta \cdot) \in L_1(I\!R_+) \text{ für alle } \beta > \alpha\} \ .$$

Offenbar impliziert $f \in LE_\alpha(I\!R_+)$ sofort $f \in L_1[0, a]$ für alle endlichen Intervallgrenzen $a > 0$. Ferner ist mit dem Satz von Lebesgue über die majorisierte Konvergenz die sogenannte *Laplace-Transformierte* (oder – allgemeiner – das sogenannte *Laplace-Integral*) von $f \in LE_\alpha(I\!R_+)$ gegeben durch

$$f^\sim(z) := \int_0^\infty f(t) e^{-zt} dt$$

wegen

$$\begin{aligned} |f(t)e^{-zt}| &= |f(t)||e^{-(\operatorname{Re} z)t}| \underbrace{|e^{-i(\operatorname{Im} z)t}|}_{=1} \\ &= |f(t)|e^{-(\operatorname{Re} z)t} \ , \quad t \in I\!R_+ \ , \end{aligned}$$

für alle $z \in C$ mit $\operatorname{Re} z > \alpha$ wohldefiniert. Die dabei auftauchende komplexe Halbebene $H(f)$,

$$H(f) := \{z \in C \mid \operatorname{Re} z > \alpha\} =: C_\alpha \ ,$$

wird *Konvergenzhalbebene* ((für die Laplace-Transformierte) von f) genannt. Denkt man sich $z \in C$ – wie üblich – als

$$z = \operatorname{Re} z + i \operatorname{Im} z = x + iy$$

dargestellt, so sieht die Konvergenzhalbebene wie folgt aus.

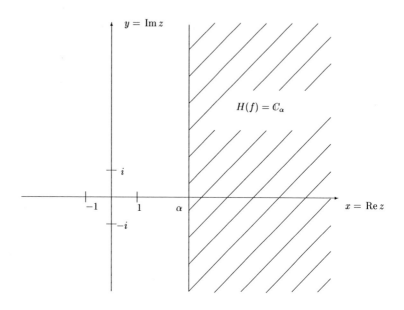

Abbildung 3.1: Skizze der Konvergenzhalbebene

Wir halten in der folgenden Aufgabe zunächst einige einfache grundlegende Eigenschaften der Laplace-Transformation fest.

3.2.1 Aufgabe

Es seien $\alpha \in \mathbb{R}$, $f,g \in LE_\alpha(\mathbb{R}_+)$ sowie $a,b \in \mathbb{C}$ beliebig gegeben. Zeigen Sie, daß folgende Aussagen gelten:

1. $(af+bg)^\sim(z) = af^\sim(z) + bg^\sim(z)$, $z \in \mathbb{C}_\alpha$,

2. $\overline{f^\sim(z)} = \bar{f}^\sim(\bar{z})$, $z \in \mathbb{C}_\alpha$,

3. $(\mathrm{Re}\, f)^\sim(z) = \frac{1}{2}(f^\sim(z) + \overline{f^\sim(\bar{z})})$, $z \in \mathbb{C}_\alpha$,

4. $(\mathrm{Im}\, f)^\sim(z) = \frac{1}{2i}(f^\sim(z) - \overline{f^\sim(\bar{z})})$, $z \in \mathbb{C}_\alpha$,

5. $f^\sim$ ist stetig auf $\mathbb{C}_\alpha$, kurz: $f^\sim \in C(\mathbb{C}_\alpha)$,

6. $f^\sim$ ist beschränkt auf jeder Menge $\mathbb{C}_\beta \subset \mathbb{C}$ mit $\beta > \alpha$.

3.2 Laplace-Integrale spezieller Funktionen

Die obige Aufgabe zusammen mit den bisher herausgearbeiteten Eigenschaften der Laplace-Transformation gestatten es bereits, die Laplace-Transformierten einiger elementarer Funktionen zu berechnen sowie die zugehörige (maximale) Konvergenzhalbebene anzugeben. Wir halten dies im folgenden Satz fest.

3.2.2 Satz (Laplace-Transformierte elementarer Funktionen)

(1) Die Laplace-Transformierte der 1-Funktion, $1(t) := 1$, $t \geq 0$, hat die Konvergenzhalbebene C_o, also $1 \in LE_o(\mathbb{R}_+)$, und lautet

$$1^\sim(z) = \frac{1}{z} \ , \ z \in C_o \ .$$

(2) Die Laplace-Transformierte der exp-Funktion, $\exp(t) := e^t$, $t \geq 0$, hat die Konvergenzhalbebene C_1, also $\exp \in LE_1(\mathbb{R}_+)$, und lautet

$$\exp^\sim(z) = \frac{1}{z-1} \ , \ z \in C_1 \ .$$

(3) Die Laplace-Transformierten der Cosinus- und Sinus-Funktion haben die Konvergenzhalbebene C_1, also $\cos, \sin \in LE_1(\mathbb{R}_+)$, und lauten

$$\cos^\sim(z) = \frac{z}{z^2+1} \ , \ z \in C_o \ ,$$
$$\sin^\sim(z) = \frac{1}{z^2+1} \ , \ z \in C_o \ .$$

Beweis:
(1) Zunächst gilt wegen

$$\int_o^\infty 1(t) e^{-\beta t} dt = \int_o^\infty e^{-\beta t} = \frac{1}{\beta} \quad \text{für} \ \beta > 0$$

offenbar $1 \in LE_o(\mathbb{R}_+)$. Für $z \in C_o$ ergibt sich ferner sogleich wegen $\text{Re } z > 0$:

$$1^\sim(z) = \int_o^\infty e^{-zt} dt = \frac{1}{-z} \left[e^{-zt}\right]_o^\infty = \frac{1}{z} \ .$$

(2) Wegen

$$\int_o^\infty e^t e^{-\beta t} dt = \int_o^\infty e^{(1-\beta)t} dt = \frac{1}{\beta-1} \quad \text{für} \ \beta > 1$$

gilt sicherlich $\exp \in LE_1(\mathbb{R}_+)$. Für $z \in C_1$ ergibt sich in diesem Fall wegen $\text{Re } z > 1$, also $1 - \text{Re } z < 0$:

$$\exp^\sim(z) = \int_o^\infty e^t e^{-zt} dt = \frac{1}{1-z}\left[e^{(1-z)t}\right]_o^\infty = \frac{1}{z-1}.$$

(3) Auch in diesem Fall ist wegen

$$\int_o^\infty |\cos t| e^{-\beta t} dt \leq \int_o^\infty e^{-\beta t} dt = \frac{1}{\beta}, \quad \beta > 0,$$

$$\int_o^\infty |\sin t| e^{-\beta t} dt \leq \int_o^\infty e^{-\beta t} dt = \frac{1}{\beta}, \quad \beta > 0,$$

der Nachweis von $\cos, \sin \in LE_o(\mathbb{R}_+)$ trivial. Mit den Eulerschen Identitäten für Cosinus und Sinus erhält man schließlich für alle $z \in C_o$:

$$\begin{aligned}
\cos^\sim(z) &= \int_o^\infty \cos(t) e^{-zt} dt = \int_o^\infty \frac{1}{2}(e^{it} + e^{-it}) e^{-zt} dt \\
&= \frac{1}{2} \int_o^\infty e^{(i-z)t} dt + \frac{1}{2} \int_o^\infty e^{(-i-z)t} dt \\
&= \frac{1}{2} \frac{1}{i-z} \left[e^{(i-z)t}\right]_o^\infty + \frac{1}{2} \frac{1}{-i-z} \left[e^{(-i-z)t}\right]_o^\infty \\
&= \frac{1}{2}\left(\frac{1}{z-i} + \frac{1}{z+i}\right) = \frac{z}{z^2+1},
\end{aligned}$$

sowie entsprechend

$$\begin{aligned}
\sin^\sim(z) &= \int_o^\infty \sin(t) e^{-zt} dt = \int_o^\infty \frac{1}{2i}(e^{it} - e^{-it}) e^{-zt} dt \\
&= \frac{1}{z^2+1}.
\end{aligned}$$

□

Um im folgenden die Schreibarbeit etwas zu vereinfachen, benutzen wir von nun an wieder die bereits in Abschnitt 2.2 eingeführte Punkt-Konvention, wobei der Punkt "." stets für diejenige Variable steht, bezüglich der eine bestimmte Operation – hier die Laplace-Transformation – angewandt werden soll.

3.2.3 Aufgabe

Es sei $w \in C$ mit $\operatorname{Re} w = \alpha_1$ und $|\operatorname{Im} w| = \alpha_2$ gegeben. Zeigen Sie:

1. Es gilt $\exp(w \cdot) \in LE_{\alpha_1}(\mathbb{R}_+)$ und

$$(\exp(w \cdot))^\sim(z) = \frac{1}{z-w}, \quad z \in C_{\alpha_1}.$$

3.2 Laplace-Integrale spezieller Funktionen

2. Es gilt $\cos(w\cdot)$, $\sin(w\cdot) \in LE_{\alpha_2}(I\!R_+)$ und

$$(\cos(w\cdot))^\sim(z) = \frac{z}{z^2+w^2} \ , \ z \in \mathbb{C}_{\alpha_2} \ ,$$
$$(\sin(w\cdot))^\sim(z) = \frac{w}{z^2+w^2} \ , \ z \in \mathbb{C}_{\alpha_2} \ .$$

Neben den bisher hergeleiteten elementaren Rechenregeln für den Umgang mit der Laplace-Transformation gibt es eine Fülle von Berechnungsformeln, die in der Literatur unter verschiedensten Namen zu finden sind. Wir nennen ohne Anspruch auf Vollständigkeit: die Skalierungsformel, den Ähnlichkeitssatz, den Verschiebungssatz, den Retardationssatz, den Dämpfungssatz, etc.. All diesen Rechengesetzen ist gemein, daß sie im wesentlichen unter Ausnutzung der Substitutionsregel der Integrationsrechnung oder noch grundlegenderer Überlegungen deduziert werden können und in diesem Sinne auch noch als elementar bezeichnet werden dürfen. Wir formulieren als Beispiel den Dämpfungssatz in einer recht allgemeinen Fassung.

3.2.4 Satz (Dämpfungssatz)

Es seien $\alpha \in I\!R$, $f \in LE_\alpha(I\!R_+)$ sowie $w \in \mathbb{C}$ beliebig gegeben. Dann gelten für die Funktion $f_w : I\!R_+ \to \mathbb{C}$,

$$f_w(t) := f(t)e^{wt} \ , \ t \geq 0 \ ,$$

folgende Aussagen:

(1) $f_w \in LE_{\alpha + \operatorname{Re} w}(I\!R_+)$,
(2) $f_w^\sim(z) = f^\sim(z - w)$, $z \in \mathbb{C}_{\alpha + \operatorname{Re} w}$.

Beweis:
(1) Da $f \in LE_\alpha(I\!R_+)$ ist, gilt

$$\int_o^\infty |f(t)|e^{-\beta t}dt < \infty \ , \ \text{falls} \ \beta > \alpha \ .$$

Damit folgt für f_w

$$\int_o^\infty |f_w(t)|e^{-\beta t}dt = \int_o^\infty |f(t)|e^{-(\beta - \operatorname{Re} w)t}dt < \infty \ , \ \text{falls} \ \beta - \operatorname{Re} w > \alpha \ ,$$

also $f_w \in LE_{\alpha + \operatorname{Re} w}(I\!R_+)$.

(2) Es sei $z \in \mathbb{C}_{\alpha + \operatorname{Re} w}$ beliebig gegeben. Dann sind $f_w^\sim(z)$ wegen (1) und $f^\sim(z - w)$ wegen $\operatorname{Re}(z - w) = \operatorname{Re} z - \operatorname{Re} w > \alpha$ wohldefiniert, und es gilt:

$$f_w^\sim(z) = \int_0^\infty f(t)e^{wt}e^{-zt}dt = \int_0^\infty f(t)e^{-(z-w)t}dt$$
$$= f^\sim(z-w) \ .$$

□

3.2.5 Aufgabe

Berechnen Sie unter Ausnutzung des Dämpfungssatzes sowie der Aufgabe 3.2.3 die Laplace-Transformierte der Funktion f,

$$f(t) = \cos(2t)e^{-4t} \ , \quad t \geq 0 \ ,$$

und geben Sie ihre (maximale) Konvergenzhalbebene an.

3.2.6 Aufgabe (Retardationssatz)

Es seien $\alpha \in I\!R$, $f \in LE_\alpha(I\!R_+)$ sowie $\lambda \in I\!R$, $\lambda > 0$, beliebig gegeben. Zeigen Sie, daß die Funktion $f_\lambda : I\!R_+ \to \mathbb{C}$,

$$f_\lambda(t) := \begin{cases} f(t-\lambda) & \text{für } t \geq \lambda \ , \\ 0 & \text{für } 0 \leq t < \lambda \ , \end{cases}$$

folgende Eigenschaften besitzt:

(1) $f_\lambda \in LE_\alpha(I\!R_+)$,
(2) $f_\lambda^\sim(z) = e^{-\lambda z}f^\sim(z)$, $z \in \mathbb{C}_\alpha$.

Bisher haben wir mit relativ elementaren Mitteln bereits eine gewisse Klasse von Funktionen explizit Laplace-transformieren können. Um die Menge geschlossen transformierbarer Funktionen weiter zu vergrößern, bedarf es nun jedoch einiger weitergehender Überlegungen. Wir beginnen – wie bereits bei der Untersuchung der Fourier-Transformation – mit der Analyse der Laplace-Transformierten von Faltungsprodukten. In Analogie zu Definition und Satz 2.2.2 erhalten wir hier:

3.2.7 Definition und Satz (Faltungsprodukt auf $LE_\alpha(I\!R_+)$)

Es seien $\alpha \in I\!R$ sowie $f, g \in LE_\alpha(I\!R_+)$ beliebig gegeben. Dann ist das (kontinuierliche) Faltungsprodukt von f und g,

$$(f * g)(t) := \int_0^t f(t-\tau)g(\tau)d\tau \ ,$$

für fast alle $t \in I\!R_+$ wohldefiniert. Darüber hinaus gilt $f * g \in LE_\alpha(I\!R_+)$.

3.2 Laplace-Integrale spezieller Funktionen

Beweis:
Denken wir uns zunächst f und g auf ganz $I\!R$ durch Null fortgesetzt, also $f(t) := 0 =: g(t)$, $t < 0$, dann läßt sich das Faltungsprodukt formal wie in Satz und Definition 2.2.2 als

$$(f * g)(t) = \int_{-\infty}^{\infty} f(t-\tau)g(\tau)d\tau \quad , \quad t \in I\!R_+ \quad ,$$

schreiben. Entsprechend zeigt man wie dort, daß mit f und g auch die Funktion $\phi : I\!R^2 \to C$,

$$\phi(t,\tau) := f(t-\tau)g(\tau) \quad , \quad (t,\tau) \in I\!R^2 \quad ,$$

auf $I\!R^2$ Lebesgue-meßbar ist. Es sei nun $a > 0$ beliebig gegeben. Wegen

$$\begin{aligned}
\int_o^a \left(\int_o^a |\phi(t,\tau)|dt \right) d\tau &= \int_o^a \left(\int_o^a |f(t-\tau)g(\tau)|dt \right) d\tau \\
&= \int_o^a \left(\int_{-\tau}^{a-\tau} |f(t)||g(\tau)|dt \right) d\tau \\
&\leq \int_o^a \left(\int_o^a |f(t)||g(\tau)|dt \right) d\tau \\
&= \int_o^a |f(t)|dt \cdot \int_o^a |g(\tau)|d\tau < \infty \quad ,
\end{aligned}$$

letzteres wegen $f, g \in L_1[0,a]$ für alle $a > 0$, ist auf ϕ der Satz von Fubini bzw. Tonelli anwendbar. Daraus folgt sofort, daß $f * g$ wegen

$$(f * g)(t) = \int_o^a \phi(t,\tau)d\tau \quad , \quad a \geq t \quad ,$$

für fast alle $t \in I\!R_+$ existiert und für alle $a > 0$ aus $L_1[0,a]$ ist. Es bleibt zu zeigen, daß $f * g$ auch noch vom Exponentialtyp zum Index α ist. Da $f, g \in LE_\alpha(I\!R_+)$ sind, gilt

$$\int_o^\infty |f(t)|e^{-\beta t}dt < \infty \quad \text{für} \quad \beta > \alpha \quad ,$$

und

$$\int_o^\infty |g(t)|e^{-\beta t}dt < \infty \quad \text{für} \quad \beta > \alpha \quad .$$

Daraus folgt wieder mit Hilfe des Fubini/Tonelli-Satzes für alle $\beta > \alpha$

$$\begin{aligned}
\int_0^\infty (f*g)(t)e^{-\beta t}dt &= \int_0^\infty \left(\int_0^t f(t-\tau)g(\tau)d\tau\right) e^{-\beta t}dt \\
&= \int_0^\infty \left(\int_0^\infty f(t-\tau)g(\tau)d\tau\right) e^{-\beta t}dt \\
&= \int_0^\infty \left(\int_0^\infty f(t-\tau)e^{-\beta t}dt\right) g(\tau)d\tau \\
&= \int_0^\infty \left(\int_{-\tau}^\infty f(t)e^{-\beta(t+\tau)}dt\right) g(\tau)d\tau \\
&= \int_0^\infty \left(\int_0^\infty f(t)e^{-\beta t}dt\right) g(\tau)e^{-\beta\tau}d\tau \\
&= \left(\int_0^\infty f(t)e^{-\beta t}dt\right)\left(\int_0^\infty g(\tau)e^{-\beta\tau}d\tau\right) < \infty \ .
\end{aligned}$$

Da $\beta > \alpha$ beliebig war, folgt insgesamt $f*g \in LE_\alpha(\mathbb{R}_+)$.

□

In Analogie zu Satz 2.2.3 erhalten wir nun den Faltungssatz für die Laplace-Transformation.

3.2.8 Satz (Faltungssatz für die Laplace-Transformation)

Es seien $\alpha \in \mathbb{R}$ sowie $f, g \in LE_\alpha(\mathbb{R}_+)$ beliebig gegeben. Dann gilt

$$(f*g)^\sim(z) = f^\sim(z) \cdot g^\sim(z) \ , \quad z \in \mathbb{C}_\alpha \ .$$

Beweis:
Mit Definition und Satz 3.2.7 erhalten wir unter Ausnutzung des bereits oben benutzten Fubini/Tonelli-Arguments sowie der Festsetzung $f(t) := 0 =: g(t)$, $t < 0$, für alle $z \in \mathbb{C}_\alpha$:

3.2 Laplace-Integrale spezieller Funktionen

$$
\begin{aligned}
(f*g)^\sim(z) &= \int_0^\infty \left(\int_0^t f(t-\tau)g(\tau)d\tau \right) e^{-zt}dt \\
&= \int_0^\infty \left(\int_0^\infty f(t-\tau)g(\tau)e^{-zt}dt \right) d\tau \\
&= \int_0^\infty \left(\int_0^\infty f(t-\tau)e^{-zt}dt \right) g(\tau)d\tau \\
&= \int_0^\infty \left(\int_{-\tau}^\infty f(t)e^{-z(\tau+t)}dt \right) g(\tau)d\tau \\
&= \int_0^\infty \left(\int_0^\infty f(t)e^{-zt}dt \right) g(\tau)e^{-z\tau}d\tau \\
&= \left(\int_0^\infty f(t)e^{-zt}dt \right) \left(\int_0^\infty g(\tau)e^{-z\tau}d\tau \right) \\
&= f^\sim(z) \cdot g^\sim(z) \ .
\end{aligned}
$$

$\square$

Mit Hilfe des obigen Faltungssatzes sind wir nun in der Lage, die Menge der explizit Laplace-transformierbaren Funktionen erneut zu erweitern. Als Vorbereitung dient die folgende Aufgabe.

3.2.9 Aufgabe

Es bezeichne m_n, $m_n(t) := t^n$, $t \geq 0$, $n \in \mathbb{N}_o$, die Menge der auf $\mathbb{R}_+$ restringierten Monome. Zeigen Sie, daß

$$(m_n * m_o)(t) = \frac{1}{n+1} m_{n+1}(t) \ , \quad t \geq 0 \ , \quad n \in \mathbb{N}_o \ ,$$

gilt.

3.2.10 Satz (Laplace-Transformierte von $t^n e^{wt}$)

Es seien $n \in \mathbb{N}_o$ sowie $w \in \mathbb{C}$ mit $\alpha := \mathrm{Re}\, w$ beliebig gegeben. Dann hat die Funktion $f_{n,w} : \mathbb{R}_+ \to \mathbb{C}$,

$$f_{n,w}(t) := t^n e^{wt} \ , \quad t \geq 0 \ ,$$

die (maximale) Konvergenzhalbebene $\mathbb{C}_\alpha$, d.h. $f_{n,w} \in LE_\alpha(\mathbb{R}_+)$, und die Laplace-Transformierte von $f_{n,w}$ lautet

$$f_{n,w}^\sim(z) = \frac{n!}{(z-w)^{n+1}} \ , \quad z \in \mathbb{C}_\alpha \ .$$

Beweis:
Es seien $n \in I\!N_o$ sowie $w \in \mathcal{C}$ mit $\alpha := \operatorname{Re} w$ gegeben. Dann gilt für alle $\beta > \alpha = \operatorname{Re} w$

$$\int_o^\infty |f_{n,w}(t)| e^{-\beta t} dt = \int_o^\infty t^n e^{(\operatorname{Re} w - \beta)t} dt < \infty \ ,$$

falls $\operatorname{Re} w - \beta < 0$, also $\beta > \alpha$ gilt. Daraus folgt bereits $f_{n,w} \in LE_\alpha(I\!R_+)$.

Zur Berechnung der Laplace-Transformierten von $f_{n,w}$ wenden wir zunächst auf die aus Aufgabe 3.2.9 folgende Identität

$$m_n(t) = t^n = n(m_{n-1} * m_o)(t)$$

den Faltungssatz an und erhalten, das Vorgehen iterierend,

$$\begin{aligned} \widetilde{m_n}(z) &= n(\widetilde{m_{n-1}}(z) \cdot \widetilde{m_o}(z)) \\ &= n(n-1)(\widetilde{m_{n-2}}(z) \cdot (\widetilde{m_o}(z))^2) \\ &= \cdots \\ &= n!(\widetilde{m_o}(z))^{n+1} \ . \end{aligned}$$

Beachtet man nun noch, daß wegen

$$m_o(t) = 1(t) \ , \quad t \geq 0 \ ,$$

das nullte Monom mit der 1-Funktion identisch ist, so ergibt sich unter Ausnutzung von Satz 3.2.2 (1) sowie des Dämpfungssatzes 3.2.4 für alle $z \in \mathcal{C}_\alpha$:

$$\begin{aligned} \widetilde{f_{n,w}}(z) &= (m_n(\cdot)e^{w\cdot})^\sim(z) \\ &= \widetilde{m_n}(z-w) \\ &= n!(\widetilde{m_o}(z-w))^{n+1} \\ &= n!(1^\sim(z-w))^{n+1} \\ &= \frac{n!}{(z-w)^{n+1}} \ . \end{aligned}$$

□

3.2.11 Bemerkung (Verallgemeinerte Exponentialsummen)

Mit dem Resultat des obigen Satzes haben wir bereits für eine relativ große Klasse von Funktionen die explizite Darstellung für die Laplace-Transformierten gefunden. Die Linearität der Laplace-Transformation ausnutzend lassen sich nun z.B. alle Funktionen f des Typs

$$f(t) = \sum_{r=o}^{m}\sum_{s=o}^{n} a_{rs} t^r e^{w_s t} \quad , \quad a_{rs}, w_s \in \mathbb{C} \quad , \quad t \geq 0 \quad ,$$

die sogenannten verallgemeinerten Exponentialsummen, explizit transformieren. Diese Funktionen werden in Abschnitt 3.5, in dem die Laplace-Transformation zur Lösung linearer Differentialgleichungen eingesetzt wird, eine ausgezeichnete Rolle spielen. Die an weiteren expliziten Formeln interessierten Leserinnen und Leser seien auf die angegebene Literatur, speziell [4] und [5], verwiesen (Stichwort: Korrespondenztabellen).

3.3 Laplace-Integrale und gewöhnliche Fourier-Integrale
— Erste lokale Inversionsresultate —

Bereits in der Einleitung war angeklungen, daß die Laplace-Transformation als Fourier-Transformation gewisser parameterabhängiger Funktionen gedeutet werden kann und damit viele Resultate aus der Theorie der Fourier-Transformation auf den Laplaceschen Fall übertragen werden können. Wir präzisieren zunächst diesen engen Zusammenhang.

3.3.1 Satz und Definition (Laplace- und Fourier-Transformation)

Es seien $\alpha \in I\!R$ und $f \in LE_\alpha(I\!R_+)$ beliebig gegeben sowie mit f_o im folgenden stets die durch Null auf ganz $I\!R$ fortgesetzte, zu f gehörige Funktion bezeichnet, also

$$f_o(t) := \begin{cases} 0 & \text{für } t < 0, \\ f(t) & \text{für } t \geq 0. \end{cases}$$

Dann gilt für alle $z \in C$ mit $z = x + iy$, $x > \alpha$, $y \in I\!R$ beliebig,

$$f^\sim(z) = (f_o e^{-x \cdot})^\wedge(y) \ .$$

Beweis:
Es sei $z = x + iy \in C$ mit $x > \alpha$ und $y \in I\!R$ beliebig gegeben. Dann gilt:

$$\begin{aligned} f^\sim(z) &= \int_o^\infty f(t) e^{-zt} dt \\ &= \int_o^\infty f(t) e^{-xt} e^{-iyt} dt \\ &= \int_{-\infty}^\infty f_o(t) e^{-xt} e^{-iyt} dt \\ &= (f_o e^{-x \cdot})^\wedge(y) \ . \end{aligned}$$

□

Als erste einfache Konsequenz des oben aufgezeigten Zusammenhangs beweisen wir den Identitätssatz für die Laplace-Transformation.

3.3.2 Satz (Identitätssatz für Laplace-Transformierte)

Es seien $\alpha, \beta \in \mathbb{R}$ sowie $f \in LE_\alpha(\mathbb{R}_+)$ und $g \in LE_\beta(\mathbb{R}_+)$ beliebig gegeben. Falls für $\gamma := \max\{\alpha, \beta\}$

$$f^\sim(z) = g^\sim(z) \quad , \quad z \in \mathbb{C}_\gamma \quad ,$$

gilt, dann stimmen f und g für fast alle $t \in \mathbb{R}_+$ überein, d.h. für fast alle $t \in \mathbb{R}_+$ gilt

$$f(t) = g(t) \quad .$$

Beweis:
Es sei $x \in \mathbb{R}$ mit $x > \gamma = \max\{\alpha, \beta\}$ beliebig gegeben. Dann ergibt sich mit $z = x + iy$, $y \in \mathbb{R}$, aus

$$f^\sim(z) = g^\sim(z)$$

unter Ausnutzung von 3.3.1:

$$(f_o e^{-x\cdot})^\wedge(y) = (g_o e^{-x\cdot})^\wedge(y) \quad , \quad y \in \mathbb{R} \quad .$$

Aufgrund des Identitätssatzes 2.2.12 für die Fourier-Transformation folgt daraus für fast alle $t \in \mathbb{R}$

$$f_o(t) e^{-xt} = g_o(t) e^{-xt} \quad .$$

Da e^{-xt} stets von Null verschieden ist, erhält man die Behauptung. □

Wir nutzen nun Satz und Definition 3.3.1 aus, um ein erstes vorläufiges Inversionsresultat für die Laplace-Transformation zu formulieren.

3.3.3 Satz (Reeller Laplace-Inversionssatz)

Es seien $\alpha \in \mathbb{R}$ sowie $f \in LE_\alpha(\mathbb{R}_+)$ beliebig gegeben. Ferner möge für ein festes $x \in \mathbb{R}$, $x > \alpha$, die Funktion $f_o e^{-x\cdot}$ eine Lebesgue-integrierbare Fourier-Transformierte besitzen, kurz:

$$(f_o e^{-x\cdot})^\wedge \in L_1(\mathbb{R}) \quad .$$

Dann gilt für fast alle $t \in \mathbb{R}_+$ die (reelle) Inversionsformel

$$f(t) = \frac{1}{2\pi} \int\limits_{-\infty}^{\infty} f^\sim(z) e^{zt} dy \quad ,$$

wobei $z = x + iy$. *Insbesondere stimmt f also fast überall auf $I\!R_+$ mit einer stetigen Funktion überein. Ist $f \in LE_\alpha(I\!R_+)$ somit a priori stetig auf $I\!R_+$ und gilt $f(0) = 0$, dann impliziert*

$$(f_o e^{-x \cdot})^\wedge \in L_1(I\!R)$$

für alle $t \in I\!R_+$ die Gültigkeit der Inversionsformel

$$f(t) = \frac{1}{2\pi} \int_{-\infty}^{\infty} f^\sim(z) e^{zt} dy \quad,$$

wobei wieder $z = x + iy$.

Beweis:

Da $f \in LE_\alpha(I\!R_+)$ und $x > \alpha$ gilt, ist die Funktion $f_o e^{-x \cdot}$ aufgrund der Definition von $LE_\alpha(I\!R_+)$ offenbar aus $L_1(I\!R)$. Mit der gegebenen Voraussetzung haben wir damit insgesamt $f_o e^{-x \cdot}$, $(f_o e^{-x \cdot})^\wedge \in L_1(I\!R)$, so daß der lokale Inversionssatz 2.3.2 für die Fourier-Transformierte anwendbar ist. Folglich gilt für fast alle $t \in I\!R$

$$f_o(t) e^{-xt} = \frac{1}{2\pi} \int_{-\infty}^{\infty} (f_o e^{-x \cdot})^\wedge(y) e^{ity} dy \quad.$$

Unter Ausnutzung von 3.3.1 erhalten wir speziell für fast alle $t \in I\!R_+$ mit $z := x + iy$ und $x > \alpha$:

$$\begin{aligned} f(t) e^{-xt} &= \frac{1}{2\pi} \int_{-\infty}^{\infty} f^\sim(z) e^{ity} dy \quad, \\ f(t) &= \frac{1}{2\pi} \int_{-\infty}^{\infty} f^\sim(z) e^{(x+iy)t} dy \quad, \\ f(t) &= \frac{1}{2\pi} \int_{-\infty}^{\infty} f^\sim(z) e^{zt} dy \quad. \end{aligned}$$

Damit ist die erste Aussage des Satzes bewiesen. Da die Stetigkeit von $f \in LE_\alpha(I\!R_+)$ auf $I\!R_+$ zusammen mit der Bedingung $f(0) = 0$ die Stetigkeit von $f_o e^{-x \cdot}$ auf $I\!R$ impliziert, gilt nach Satz 2.3.2 für alle $t \in I\!R$

$$f_o(t) e^{-xt} = \frac{1}{2\pi} \int_{-\infty}^{\infty} (f_o e^{-x \cdot})^\wedge(y) e^{ity} dy \quad.$$

Der Rest ergibt sich dann wie oben. □

3.3 Laplace-Integrale und gewöhnliche Fourier-Integrale

3.3.4 Bemerkung

Das Inversionsresultat des obigen Satzes hängt in offensichtlich etwas unnatürlicher Weise von dem Punkt $x \in \mathbb{R}$, $x > \alpha$, mit $(f_o e^{-x \cdot})^\wedge \in L_1(\mathbb{R})$ ab. Intuitiv würde man erwarten, daß für *alle* $x \in \mathbb{R}$ mit $x > \alpha$ ein vernünftiges Inversionsresultat formulierbar ist, da für diese x mit $z := x + iy$ stets die Laplace-Transformierte $f^\sim(z)$ wohldefiniert ist. Ein erster Schritt in diese Richtung läßt sich machen, wenn man die Laplace-Transformation im funktionentheoretischen Kontext betrachtet. Diesem Aspekt widmet sich der Rest dieses Abschnitts. Die vollends befriedigende Lösung bleibt aber dem Abschnitt 3.4 vorbehalten, in dem die Inversion mittels Cauchy-Hauptwert-Integralen vorgenommen wird.

Alle bisher erzielten Resultate und Rechenregeln für die Laplace-Transformation haben noch keinen Gebrauch davon gemacht, daß die Laplace-Transformierte $f^\sim$ eine komplexwertige Funktion einer komplexen Veränderlichen ist und damit im funktionentheoretischen Sinne analysierbar ist. Wir werden uns im folgenden gezielt diesem Aspekt zuwenden mit dem Ziel, eine erste angemessene "komplexe" Lösung des Laplaceschen Inversionsproblems zu erhalten. Wir beginnen mit dem folgenden elementaren, aber wichtigen Resultat.

3.3.5 Satz (Holomorphie der Laplace-Transformierten)

Es seien $\alpha \in \mathbb{R}$ sowie $f \in LE_\alpha(\mathbb{R}_+)$ beliebig gegeben. Dann ist $f^\sim$ holomorph in $\mathbb{C}_\alpha$, und es gilt für alle $n \in \mathbb{N}$ und $z \in \mathbb{C}_\alpha$

$$(f^\sim)^{(n)}(z) = (-1)^n \int_0^\infty f(t) t^n e^{-zt} dt = (-1)^n (f \cdot m_n)^\sim(z) \quad ,$$

wobei m_n, $m_n(t) := t^n$ für $t \geq 0$, wieder das n-te, auf $\mathbb{R}_+$ restringierte Monom bezeichnet.

Beweis:
Als Vorüberlegung machen wir uns zunächst klar, daß mit $f \in LE_\alpha(\mathbb{R}_+)$ auch $f \cdot m_n \in LE_\alpha(\mathbb{R}_+)$ für alle $n \in \mathbb{N}$ gilt und damit die im obigen Satz auftauchenden Integrale wohldefiniert sind. Für $\beta > \alpha$ gilt nämlich

$$\int_0^\infty |f(t) m_n(t)| e^{-\beta t} dt = \int_0^\infty (t^n e^{-\frac{\beta-\alpha}{2} t}) |f(t)| e^{-(\beta - \frac{\beta-\alpha}{2})t} dt \quad .$$

Da $\frac{\beta-\alpha}{2} > 0$ ist, gilt

$$\sup_{t \geq 0}(t^n e^{-\frac{\beta-\alpha}{2} t}) =: M < \infty \quad .$$

Da ferner $\beta - \frac{\beta-\alpha}{2} > \alpha$ gilt, folgt

$$\int_0^\infty |f(t)| e^{-(\beta-\frac{\beta-\alpha}{2})t} dt < \infty \ .$$

Insgesamt ist damit gezeigt, daß für alle $\beta > \alpha$

$$f \cdot m_n \cdot \exp(-\beta \cdot) \in L_1(I\!R_+)$$

gilt, also $f \cdot m_n \in LE_\alpha(I\!R_+)$.

Mit der obigen Vorüberlegung sowie der bekannten Tatsache, daß eine holomorphe Funktion im Innern ihres Holomorphiegebiets beliebig oft differenzierbar ist, genügt es im folgenden, den Fall $n = 1$ zu betrachten sowie den Nachweis der Holomorphie von $f^\sim$ zu erbringen; die Aussagen für die übrigen $n \in I\!N$ ergeben sich dann induktiv. Es sei also nun $n = 1$ sowie $z \in \mathbb{C}_\alpha$ beliebig. Da $\mathbb{C}_\alpha$ offen ist, ist z innerer Punkt von $\mathbb{C}_\alpha$. Wir haben also zu zeigen, daß der Grenzwert

$$\lim_{h\to 0} \frac{f^\sim(z+h) - f^\sim(z)}{h}$$

(für $h \in \mathbb{C} \setminus \{0\}$) existiert und gleich

$$-\int_0^\infty f(t) t e^{-zt} dt$$

ist. Zunächst erhalten wir

$$\begin{aligned}
\lim_{h\to 0} \frac{f^\sim(z+h) - f^\sim(z)}{h} &= \lim_{h\to 0} \int_0^\infty f(t) \frac{e^{-(z+h)t} - e^{-zt}}{h} dt \\
&= \lim_{h\to 0} \int_0^\infty f(t) \frac{e^{-ht} - 1}{h} e^{-zt} dt \ .
\end{aligned}$$

Setzen wir nun $\beta := \operatorname{Re} z > \alpha$ (da $z \in \mathbb{C}_\alpha$) und nehmen an, daß für h bereits $0 < |h| \leq \frac{\beta-\alpha}{2}$ gilt, dann folgt zunächst mit der Reihenentwicklung der Exponentialfunktion für $t \geq 0$

$$\begin{aligned}
\left| \frac{e^{-ht} - 1}{h} \right| &= |h|^{-1} \left| \sum_{k=0}^\infty \frac{(-ht)^k}{k!} - 1 \right| \\
&\leq |h|^{-1} \sum_{k=1}^\infty \frac{1}{k!} |h|^k t^k \\
&= t \sum_{k=0}^\infty \frac{1}{(k+1)!} |h|^k t^k \\
&\leq t e^{\frac{\beta-\alpha}{2} t} \ .
\end{aligned}$$

Also gilt wegen $f \in LE_\alpha(I\!R_+)$ und $\beta - \frac{\beta-\alpha}{2} > \alpha$ für alle $h \in \mathbb{C}$ mit $0 < |h| \leq \frac{\beta-\alpha}{2}$

3.3 Laplace-Integrale und gewöhnliche Fourier-Integrale

$$\int_o^\infty \left| f(t) \frac{e^{-ht}-1}{h} e^{-zt} \right| dt \leq \int_o^\infty |f(t)| t e^{\frac{\beta-\alpha}{2}t} e^{-\beta t} dt$$

$$= \int_o^\infty |f(t)| t e^{-(\beta - \frac{\beta-\alpha}{2})t} dt < \infty \ ,$$

letzteres unter Ausnutzung der Vorüberlegung. Damit sind jedoch nun für die Integralfolge

$$\left(\int_o^\infty f(t) \frac{e^{-ht}-1}{h} e^{-zt} dt \right)_{h \to 0}$$

die Voraussetzungen des Satzes von Lebesgue über die majorisierte Konvergenz erfüllt, und wir erhalten aufgrund der punktweisen Identität

$$\lim_{h \to 0} \frac{e^{-ht}-1}{h} = -t \ , \ t \in \mathbb{R}_+ \ ,$$

wie behauptet

$$\lim_{h \to 0} \frac{f^\sim(z+h) - f^\sim(z)}{h} = \lim_{h \to 0} \int_o^\infty f(t) \frac{e^{-ht}-1}{h} e^{-zt} dt$$

$$= \int_o^\infty f(t) \left(\lim_{h \to 0} \frac{e^{-ht}-1}{h} \right) e^{-zt} dt$$

$$= - \int_o^\infty f(t) t e^{-zt} dt \ .$$

□

Neben der Holomorphie von $f^\sim$ benötigen wir ferner eine Aussage über die Nullkonvergenz von $f^\sim$ bei wachsendem imaginären Argumentteil, also ein Analogon zum Riemann-Lebesgue-Theorem 2.2.5 für die Fourier-Transformation.

3.3.6 Satz (Riemann-Lebesgue-Typ-Theorem)

Es seien $\alpha \in \mathbb{R}$ sowie $f \in LE_\alpha(\mathbb{R}_+)$ beliebig gegeben. Dann gilt für alle $\beta > \alpha$

$$\lim_{|y| \to \infty} \sup_{x \geq \beta} |f^\sim(x+iy)| = 0 \ .$$

Beweis:
Es seien $x \geq \beta$ und $y \in \mathbb{R}$ beliebig gegeben. Mittels partieller Integration ergibt sich zunächst für beliebiges $T > 0$:

$$\begin{aligned}
f^{\sim}(x+iy) &= \int_0^{\infty} f(t)e^{-(x+iy)t}dt \\
&= \int_0^{T}(f(t)e^{-iyt})e^{-xt}dt + \int_T^{\infty}f(t)e^{-(x+iy)t}dt \\
&= \left[\left(\int_0^{t}f(\tau)e^{-iy\tau}d\tau\right)e^{-xt}\right]_0^{T} + x\int_0^{T}\left(\int_0^{t}f(\tau)e^{-iy\tau}d\tau\right)e^{-xt}dt \\
&\quad + \int_T^{\infty}f(t)e^{-(x+iy)t}dt \\
&= \left(\int_0^{T}f(\tau)e^{-iy\tau}d\tau\right)e^{-xT} + x\int_0^{T}\left(\int_0^{t}f(\tau)e^{-iy\tau}d\tau\right)e^{-xt}dt \\
&\quad + \int_T^{\infty}f(t)e^{-(x+iy)t}dt \ .
\end{aligned}$$

Wir gehen nun über zum Betrag und erhalten wegen $x \geq \beta$ die Abschätzung:

$$\begin{aligned}
|f^{\sim}(x+iy)| &\leq \left|\int_0^{T}f(\tau)e^{-iy\tau}d\tau\right|e^{-\beta T} + \left(\sup_{0 \leq t \leq T}\left|\int_0^{t}f(\tau)e^{-iy\tau}d\tau\right|\right)|x|\int_0^{T}e^{-xt}dt \\
&\quad + \int_T^{\infty}|f(t)|e^{-\beta t}dt \\
&\leq \left|\int_0^{T}f(\tau)e^{-iy\tau}d\tau\right|e^{-\beta T} + \left(\sup_{0 \leq t \leq T}\left|\int_0^{t}f(\tau)e^{-iy\tau}d\tau\right|\right)(1 + e^{-\beta T}) \\
&\quad + \int_T^{\infty}|f(t)|e^{-\beta t}dt \ .
\end{aligned}$$

Die letzte Abschätzung ist unabhängig von x, so daß wir nur noch zu zeigen haben, daß die erhaltene obere Schranke für $|y| \to \infty$ gegen Null konvergiert. Es sei also $\epsilon > 0$ beliebig gegeben. Zunächst wählen wir (den noch freien Parameter) $T > 0$ so groß, daß

$$\int_T^{\infty}|f(t)|e^{-\beta t}dt < \frac{\epsilon}{3}$$

gilt; dies ist wegen $f \in LE_{\alpha}(\mathbb{R}_+)$ und $\beta > \alpha$ stets möglich. Damit reduziert sich unsere Aufgabe offenbar darauf zu zeigen, daß

$$\lim_{|y| \to \infty} \sup_{0 \leq t \leq T}\left|\int_0^{t}f(\tau)e^{-iy\tau}d\tau\right| = 0$$

3.3 Laplace-Integrale und gewöhnliche Fourier-Integrale

gilt. Es sei zunächst $y \geq 1$ und $t \in [0,T]$ beliebig. Mit denselben Argumenten wie im Beweis von Satz 2.2.5 erhalten wir mit $e^{i\pi} = -1$

$$
\begin{aligned}
\left| \int_o^t f(\tau) e^{-iy\tau} d\tau \right| &= \frac{1}{2} \left| \int_o^t f(\tau) e^{-iy\tau} d\tau - \int_o^t f(\tau) e^{-i(y\tau - \pi)} d\tau \right| \\
&= \frac{1}{2} \left| \int_o^t f(\tau) e^{-iy\tau} d\tau - \int_{-\frac{\pi}{y}}^{t-\frac{\pi}{y}} f(\xi + \frac{\pi}{y}) e^{-iy\xi} d\xi \right| \\
&\leq \frac{1}{2} \left(\int_o^t \left| f(\tau) - f(\tau + \frac{\pi}{y}) \right| d\tau + \int_{-\frac{\pi}{y}}^o |f(\tau + \frac{\pi}{y})| d\tau \right. \\
&\qquad \left. + \int_{t-\frac{\pi}{y}}^t |f(\tau + \frac{\pi}{y})| d\tau \right) \\
&\leq \frac{1}{2} \left(\int_o^T |f(\tau) - f(\tau + \frac{\pi}{y})| d\tau + \int_o^{\frac{\pi}{y}} |f(\tau)| d\tau \right. \\
&\qquad \left. + \int_t^{t+\frac{\pi}{y}} |f(\tau)| d\tau \right) .
\end{aligned}
$$

Unter Ausnutzung von Satz 2.2.4 angewandt auf die Funktion $f^* \in L_1(\mathbb{R})$,

$$
f^*(\tau) := \begin{cases} 0 & \text{für } \tau < 0, \\ f(\tau) & \text{für } 0 \leq \tau \leq T + \pi, \\ 0 & \text{für } \tau > T + \pi, \end{cases}
$$

sowie der absoluten Stetigkeit des unbestimmten Lebesgue-Integrals, erhalten wir

$$
\lim_{y \to \infty} \sup_{0 \leq t \leq T} \left| \int_o^t f(\tau) e^{-iy\tau} d\tau \right| = 0 .
$$

Entsprechend schließt man für $y \leq -1$. $\square$

Unter Ausnutzung des obigen Satzes sowie der Holomorphie von $f^\sim$ in $\mathbb{C}_\alpha$ sind wir nun in der Lage, mit Hilfe des Cauchyschen Integralsatzes eine erste vorläufige komplexe Umkehrformel für die Laplace-Transformation zu beweisen, die – im Gegensatz zur reellen – für *alle* $z \in \mathbb{C}_\alpha$ Sinn macht.

3.3.7 Satz (Erster komplexer Laplace-Inversionssatz)

Es seien $\alpha \in \mathbb{R}$ sowie $f \in LE_\alpha(\mathbb{R}_+)$ beliebig gegeben. Ferner möge für ein festes $\beta \in \mathbb{R}$, $\beta > \alpha$, die Funktion $f_o e^{-\beta \cdot}$ eine Lebesgue-integrierbare Fourier-Transformierte besitzen, kurz:

$$(f_o e^{-\beta \cdot})^\wedge \in L_1(\mathbb{R}) \ .$$

Dann gilt für fast alle $t \in \mathbb{R}_+$ die (komplexe) Inversionsformel

$$f(t) = \frac{1}{2\pi i} \lim_{R \to \infty} \int_{x-iR}^{x+iR} f^\sim(z) e^{zt} dz \ ,$$

wobei $x > \alpha$ beliebig sein darf. Insbesondere stimmt f also fast überall auf $\mathbb{R}_+$ mit einer stetigen Funktion überein. Ist $f \in LE_\alpha(\mathbb{R}_+)$ somit a priori stetig auf $\mathbb{R}_+$ und gilt $f(0) = 0$, dann impliziert

$$(f_o e^{-\beta \cdot})^\wedge \in L_1(\mathbb{R})$$

für alle $t \in \mathbb{R}_+$ die Gültigkeit der Inversionsformel

$$f(t) = \frac{1}{2\pi i} \lim_{R \to \infty} \int_{x-iR}^{x+iR} f^\sim(z) e^{zt} dz \ ,$$

wobei wieder $x > \alpha$ beliebig sein darf.

Beweis:
Aufgrund der geforderten Voraussetzungen ergibt sich mit dem reellen Inversionsresultat aus Satz 3.3.3 sofort für fast alle $t \in \mathbb{R}_+$ die Inversionsidentität

$$f(t) = \frac{1}{2\pi} \int_{-\infty}^{\infty} f^\sim(\beta + iy) e^{\beta t + iyt} dy \ .$$

Es genügt also mit Blick auf Satz 3.3.3 zu zeigen, daß für alle $x > \alpha$ und alle $t \in \mathbb{R}_+$ gilt:

$$\int_{-\infty}^{\infty} f^\sim(\beta + iy) e^{\beta t + iyt} dy = \frac{1}{i} \lim_{R \to \infty} \int_{x-iR}^{x+iR} f^\sim(z) e^{zt} dz \ .$$

Wir betrachten zunächst das linke Integral, wobei $t \in \mathbb{R}_+$ beliebig gegeben sein möge. Da nach 3.3.1

$$f^\sim(\beta + iy) = (f_o e^{-\beta \cdot})^\wedge(y) \ , \quad y \in \mathbb{R} \ ,$$

gilt, ist der Integrand wegen $(f_o e^{-\beta \cdot})^\wedge \in L_1(\mathbb{R})$ und

3.3 Laplace-Integrale und gewöhnliche Fourier-Integrale

$$\int_{-\infty}^{\infty} |f^\sim(\beta+iy)||e^{\beta t+iyt}|dy = e^{\beta t}\int_{-\infty}^{\infty} |(f_o e^{-\beta \cdot})^\wedge(y)|dy$$

zunächst Lebesgue-integrierbar. Mit dem Satz von Lebesgue über die majorisierte Konvergenz dürfen wir das Integral somit berechnen als

$$\int_{-\infty}^{\infty} f^\sim(\beta+iy)e^{\beta t+iyt}dy = \lim_{R\to\infty} \int_{-R}^{R} f^\sim(\beta+iy)e^{\beta t+iyt}dy \ .$$

Mit der Parametrisierung

$$z(y) := \beta + iy \ , \quad -R \leq y \leq R \ ,$$

werden die reellen Integrale über $[-R, R]$ zu komplexen Wegintegralen bezüglich der geradlinigen Strecke von $\beta - iR$ bis $\beta + iR$ in der komplexen Ebene, konkret:

$$\int_{-R}^{R} f^\sim(\beta+iy)e^{\beta t+iyt}dy = \frac{1}{i}\int_{\beta-iR}^{\beta+iR} f^\sim(z)e^{zt}dz \ , \quad R > 0 \ .$$

Es sei nun $x > \alpha$ beliebig gegeben, und es gelte o.B.d.A. auch noch $x > \beta$. Wir betrachten nun vier geradlinige, orientierte Wegstrecken in der komplexen Ebene, die durch folgende Parametrisierungen gegeben seien und durch Angabe ihrer Anfangs- und Endpunkte eindeutig identifiziert sein mögen:

$$\begin{aligned}
W_1 &: z(y) := \beta + iy \ , & -R &\leq y \leq R \ , \\
W_3 &: z(y) := x + iy \ , & -R &\leq y \leq R \ , \\
W_2 &: z(\xi) := \xi - iR \ , & \beta &\leq \xi \leq x \ , \\
W_4 &: z(\xi) := (x+\beta-\xi) + iR \ , & \beta &\leq \xi \leq x \ .
\end{aligned}$$

Da die Wege W_1, W_2, W_3 und W_4 ganz im offenen Gebiet $\mathbb{C}_\alpha$ verlaufen (vgl. auch Abbildung 3.2) und nach Satz 3.3.5 die Funktion $f^\sim$ und damit natürlich auch $f^\sim e^t$ holomorph in $\mathbb{C}_\alpha$ sind, liefert der Cauchysche Integralsatz:

$$\int_{W_1} f^\sim(z)e^{zt}dz = \sum_{k=2}^{4} \int_{W_k} f^\sim(z)e^{zt}dz \ .$$

Wir betrachten zunächst das Wegintegral bezüglich W_2 :

$$\begin{aligned}
\int_{W_2} f^\sim(z)e^{zt}dz &= \int_{\beta-iR}^{x-iR} f^\sim(z)e^{zt}dz \\
&= \int_{\beta}^{x} f^\sim(\xi-iR)e^{(\xi-iR)t}d\xi \ .
\end{aligned}$$

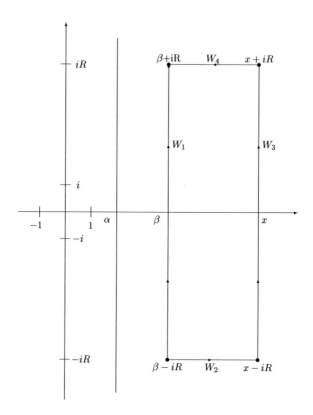

Abbildung 3.2: Skizze der Wege W_1, W_2, W_3 und W_4

Aufgrund von Satz 3.3.6 gilt

$$\lim_{R\to\infty}\left|\int_{W_2} f^\sim(z)e^{zt}dz\right| \leq \lim_{R\to\infty}\int_\beta^x |f^\sim(\xi-iR)|e^{\xi t}d\xi$$
$$\leq \left(\int_\beta^x e^{\xi t}d\xi\right)\lim_{R\to\infty}\sup_{\beta\leq\xi\leq x}|f^\sim(\xi-iR)|$$
$$= 0\ .$$

Entsprechend zeigt man

$$\lim_{R\to\infty}\left|\int_{W_4} f^\sim(z)e^{zt}dz\right| = 0\ .$$

Daraus folgt jedoch

3.3 Laplace-Integrale und gewöhnliche Fourier-Integrale

$$\lim_{R\to\infty} \int_{W_1} f^\sim(z)e^{zt}dz = \lim_{R\to\infty} \int_{W_3} f^\sim(z)e^{zt}dz$$
$$= \lim_{R\to\infty} \int_{x-iR}^{x+iR} f^\sim(z)e^{zt}dz \quad .$$

Da $t \in I\!\!R_+$ beliebig gegeben war und – rückwärts schließend –

$$\lim_{R\to\infty} \int_{W_1} f^\sim(z)e^{zt}dz = i \int_{-\infty}^{\infty} f^\sim(\beta+iy)e^{\beta t+iyt}dy$$

gilt, folgt die Behauptung des Satzes. □

3.3.8 Bemerkung

Die in Satz 3.3.7 auftauchende Bedingung, daß im Fall $\alpha \in I\!\!R$ und $f \in LE_\alpha(I\!\!R_+)$ ein $\beta > \alpha$ existieren muß, so daß die Funktion $f_o e^{-\beta \cdot}$ eine Lebesgue-integrierbare Fourier-Transformierte besitzt, kann in gewisser Hinsicht als natürlich angesehen werden. Betrachten wir nämlich formal das reelle Inversionsintegral zum Parameter β,

$$\int_{-\infty}^{\infty} f^\sim(\beta+iy)e^{(\beta+iy)t}dy = \left(\int_{-\infty}^{\infty} (f_o e^{-\beta\cdot})^\wedge(y)e^{iyt}dy \right) e^{\beta t} \quad , \quad t \in I\!\!R_+ \quad ,$$

so ist z.B. für $t = 0$ die Integrabilität von $(f_o e^{-\beta \cdot})^\wedge$ eine Minimalvoraussetzung für die Wohldefiniertheit des Integrals. Allgemeinere hinreichende lokale Inversionsbedingungen kann man also nur dann erwarten, wenn man vom Lebesgueschen Integralbegriff zu einem flexibleren Integrationskonzept übergeht. Dies werden wir im folgenden Abschnitt – Stichwort: Cauchy-Hauptwert-Integrale – tun.

3.4 Laplace-Integrale und Cauchy-Hauptwert-Fourier-Integrale – Endgültige lokale Inversionsresultate –

Wie bereits im vorausgegangenen Abschnitt angeklungen, ist die in den Sätzen 3.3.3 und 3.3.7 auftauchende hinreichende Bedingung für die Gültigkeit der Laplaceschen Inversionsformel relativ unbefriedigend, da der Nachweis der Integrierbarkeit der Fourier-Transformierten einer gewissen Referenzfunktion i.a. schwierig ist. Wir werden deshalb in diesem Abschnitt hinreichende Kriterien für die Gültigkeit der komplexen Laplace-Inversionsformel angeben, die sich ausschließlich an der zugrundeliegenden Ausgangsfunktion f orientieren sowie lokal und so schwach wie möglich sind. Es wird sich dabei als notwendig erweisen, zunächst noch einmal gezielt auf die Fourier-Transformation zurückzukommen und darüber hinaus einen Integralbegriff einzuführen, der der am Ende von Abschnitt 1.1 vereinbarten Konvention, beidseitig unendliche Reihen als Grenzwerte ihrer symmetrischen Partialsummen zu interpretieren, entspricht. Wir kommen so zu den Cauchy-Hauptwert-Integralen.

3.4.1 Definition (Cauchy-Hauptwert-Integral)

Es sei $f : \mathbb{R} \to \mathbb{C}$ auf jedem kompakten Teilintervall von $\mathbb{R}$ integrierbar. Falls nun der Grenzwert

$$\lim_{R \to \infty} \int_{-R}^{R} f(t) dt$$

existiert, so bezeichnet man f als im Cauchy-Hauptwert-Sinne integrierbar über $\mathbb{R}$ und definiert das Cauchy-Hauptwert-Integral von f über $\mathbb{R}$ als

$$\overset{\star}{\int_{-\infty}^{\infty}} f(t) dt := \lim_{R \to \infty} \int_{-R}^{R} f(t) dt \ .$$

Ist entsprechend eine komplexe Funktion g z.B. auf einer gegebenen Geraden $P_x := \{z \in \mathbb{C} \mid z = x+iy, \ y \in \mathbb{R}\}$ mit festem $x \in \mathbb{R}$ erklärt, $g : P_x \to \mathbb{C}$, und existiert für g das komplexe Wegintegral bezüglich jedes zusammenhängenden kompakten Teilwegs von P_x sowie der Grenzwert

$$\lim_{R \to \infty} \int_{x-iR}^{x+iR} g(z) dz \ ,$$

so bezeichnet man g als im Cauchy-Hauptwert-Sinne wegintegrierbar über P_x und definiert das Cauchy-Hauptwert-Wegintegral von g über P_x als

$$\overset{\star}{\int_{x-i\infty}^{x+i\infty}} g(z) dz := \lim_{R \to \infty} \int_{x-iR}^{x+iR} g(z) dz \ .$$

3.4 Laplace-Integrale und Cauchy-Hauptwert-Fourier-Integrale

Man mache sich klar, daß die Cauchy-Hauptwert-Integrale z.B. für jede ungerade lokal integrierbare Funktion $f : \mathbb{R} \to \mathbb{C}$, $-f(x) = f(-x)$, $x \in \mathbb{R}$, existieren und gleich Null sind. Der Cauchy-Hauptwert ist also ein ausgesprochen schwacher Integralbegriff und korrespondiert – wie bereits gesagt – vollkommen mit dem symmetrischen Konvergenzkonzept der beidseitig unendlichen komplexen Fourier-Reihen. Ein etwas subtileres Beispiel für die Existenz eines Integrals im Cauchy-Hauptwert-Sinne, welches für das weitere Vorgehen von entscheidender Bedeutung sein wird, halten wir in folgender Aufgabe fest.

3.4.2 Aufgabe

Zeigen Sie, daß die nach Satz 2.3.1 nicht über $\mathbb{R}$ Lebesgue-integrierbare sinc-Funktion,

$$\operatorname{sinc}(t) := \begin{cases} \frac{\sin t}{t} & \text{für } t \in \mathbb{R} \setminus \{0\}, \\ 1 & \text{für } t = 0, \end{cases}$$

im Cauchy-Hauptwert-Sinne über $\mathbb{R}$ integrierbar ist mit

$$\int\!\!\!\!\!\!\!\!-_{-\infty}^{\infty} \operatorname{sinc}(t)\,dt = \pi \ .$$

Wir werden nun zunächst den neuen Integralbegriff benutzen, um für die Fourier-Integrale eine befriedigende lokale Inversionsformel unter ausschließlich lokalen Bedingungen an die Ausgangsfunktion f zu formulieren. Anschließend werden wir dann wieder die erhaltenen Resultate vermöge des Zusammenhangs zwischen den Fourier- und Laplace-Integralen auf die Laplace-Inversion übertragen. Wir beginnen mit einem vorbereitenden Resultat in Analogie zu Satz und Definition 2.2.21 und Satz 1.3.4.

3.4.3 Satz und Definition

Es sei $f \in L_1(\mathbb{R})$ beliebig gegeben sowie die Familie $(\hat{F}_R f)_{R>0}$ definiert als

$$\hat{F}_R f(t) := \frac{1}{2\pi} \int_{-R}^{R} f^{\wedge}(\tau) e^{it\tau}\, d\tau \ , \quad t \in \mathbb{R} \ , \quad R > 0 \ .$$

Für die Familie $(\hat{F}_R f)_{R>0}$ gilt die alternative Darstellung

$$\hat{F}_R f(t) = \frac{R}{\pi} \int_{-\infty}^{\infty} f(\xi) \operatorname{sinc}(R(t-\xi))\, d\xi \ , \quad t \in \mathbb{R} \ , \quad R > 0 \ .$$

Beweis:
Es seien $t \in \mathbb{R}$ und $R > 0$ beliebig gegeben. Dann gilt zunächst

$$\begin{aligned}
\hat{F}_R f(t) &= \frac{1}{2\pi} \int_{-R}^{R} f^\wedge(\tau) e^{it\tau} d\tau \\
&= \frac{1}{2\pi} \int_{-R}^{R} \left(\int_{-\infty}^{\infty} f(\xi) e^{-i\tau\xi} d\xi \right) e^{it\tau} d\tau \\
&= \frac{1}{2\pi} \int_{-R}^{R} \int_{-\infty}^{\infty} f(\xi) e^{i(t-\xi)\tau} d\xi d\tau \ .
\end{aligned}$$

Da $f \in L_1(\mathbb{R})$ ist, ist aufgrund eines Standard-Fubini/Tonelli-Arguments das Vertauschen der Integrationsprozesse erlaubt, und wir erhalten

$$\begin{aligned}
\hat{F}_R f(t) &= \frac{1}{2\pi} \int_{-\infty}^{\infty} f(\xi) \left(\int_{-R}^{R} e^{i(t-\xi)\tau} d\tau \right) d\xi \\
&= \frac{1}{2\pi} \int_{-\infty}^{\infty} f(\xi) \left(\frac{e^{i(t-\xi)R} - e^{-i(t-\xi)R}}{i(t-\xi)} \right) d\xi \\
&= \frac{R}{\pi} \int_{-\infty}^{\infty} f(\xi) \operatorname{sinc}(R(t-\xi)) d\xi \ .
\end{aligned}$$

$\square$

Wir können nun in Analogie zu Satz 1.3.10 folgenden Satz formulieren, der uns eine explizite Fehlerdarstellung für den Rekonstruktionsprozeß von f aus $f^\wedge$ via Cauchy-Hauptwert-Typ-Integralen $(\hat{F}_R f)_{R>0}$ liefert.

3.4.4 Satz (Integraldarstellung der Fourier-Inversionsfehler)

Es sei $f \in L_1(\mathbb{R})$ beliebig gegeben. Dann gilt für alle $t \in \mathbb{R}$ und $R > 0$

$$\hat{F}_R f(t) - f(t) = \frac{1}{2\pi} \int_{-\infty}^{\infty} (f(t+\xi) - 2f(t) + f(t-\xi)) R \operatorname{sinc}(R\xi) d\xi \ .$$

Beweis:
Es seien $t \in \mathbb{R}$ und $R > 0$ beliebig gegeben. Da $f \in L_1(\mathbb{R})$ ist und die sinc-Funktion stetig und beschränkt auf $\mathbb{R}$ ist, gilt

$$f \cdot \operatorname{sinc}(R(t - \cdot)) \in L_1(\mathbb{R}) \ .$$

Somit folgt mit Satz und Definition 3.4.3 zunächst

3.4 Laplace-Integrale und Cauchy-Hauptwert-Fourier-Integrale

$$\frac{1}{2\pi}\int_{-R}^{R} f^{\wedge}(\tau)e^{it\tau}d\tau = \frac{1}{\pi}\int_{-\infty}^{\infty} f(\xi)R\ \text{sinc}(R(t-\xi))d\xi$$

$$= \frac{1}{\pi}\int_{-\infty}^{\infty} f(t+\xi)R\ \text{sinc}(R\xi)d\xi$$

bzw.

$$\frac{1}{2\pi}\int_{-R}^{R} f^{\wedge}(\tau)e^{it\tau}d\tau = \frac{1}{\pi}\int_{-\infty}^{\infty} f(t-\xi)R\ \text{sinc}(R\xi)d\xi\ ,$$

wobei wir zusätzlich noch ausgenutzt haben, daß sinc eine gerade Funktion ist. Da aufgrund des Satzes von Lebesgue über die majorisierte Konvergenz jedes im Lebesgueschen Sinne über $I\!R$ existierende Integral als Cauchy-Hauptwert-Integral geschrieben werden kann, speziell

$$\frac{1}{\pi}\int_{-\infty}^{\infty} f(t\pm\xi)R\ \text{sinc}(R\xi)d\xi = \frac{1}{\pi}\;\rlap{\,\diagup}\!\!\int_{-\infty}^{\infty} f(t\pm\xi)R\ \text{sinc}(R\xi)d\xi\ ,$$

erhalten wir mit Aufgabe 3.4.2 insgesamt

$$\frac{1}{2\pi}\int_{-R}^{R} f^{\wedge}(\tau)e^{it\tau}d\tau - f(t)$$

$$= \frac{1}{2\pi}\left(\int_{-\infty}^{\infty} f(t+\xi)R\ \text{sinc}(R\xi)d\xi - 2f(t)\rlap{\,\diagup}\!\!\int_{-\infty}^{\infty}\text{sinc}(\xi)d\xi\right.$$

$$\left.+\int_{-\infty}^{\infty} f(t-\xi)R\ \text{sinc}(R\xi)d\xi\right)$$

$$= \frac{1}{2\pi}\left(\rlap{\,\diagup}\!\!\int_{-\infty}^{\infty} f(t+\xi)R\ \text{sinc}(R\xi)d\xi - \rlap{\,\diagup}\!\!\int_{-\infty}^{\infty} 2f(t)R\ \text{sinc}(R\xi)d\xi\right.$$

$$\left.+\rlap{\,\diagup}\!\!\int_{-\infty}^{\infty} f(t-\xi)R\ \text{sinc}(R\xi)d\xi\right)$$

$$= \frac{1}{2\pi}\rlap{\,\diagup}\!\!\int_{-\infty}^{\infty} (f(t+\xi)-2f(t)+f(t-\xi))R\ \text{sinc}(R\xi)d\xi\ .$$

$\square$

Wir können nun – in Korrespondenz zu Satz 1.3.11 – das Riemannsche Lokalisationsprinzip für die Fourier-Transformation formulieren.

3.4.5 Satz (Riemannsches Lokalisationsprinzip)

Es seien $f \in L_1(\mathbb{R})$ und $t \in \mathbb{R}$ beliebig gegeben. Genau dann gilt

$$f(t) = \frac{1}{2\pi} \int_{-\infty}^{\infty} f^\wedge(\tau) e^{it\tau} d\tau \;,$$

wenn ein $\delta > 0$ existiert mit

$$\lim_{R \to \infty} \int_{-\delta}^{\delta} (f(t+\xi) - 2f(t) + f(t-\xi)) \frac{\sin(R\xi)}{\xi} d\xi = 0 \;.$$

Beweis:
Es seien $t \in \mathbb{R}$, $R > 0$ und $\delta > 0$ beliebig gegeben. Mit Satz 3.4.4 gilt dann

$$\hat{F}_R f(t) - f(t) = \frac{1}{2\pi} \int_{-\infty}^{\infty} (f(t+\xi) - 2f(t) + f(t-\xi)) \frac{\sin(R\xi)}{\xi} d\xi \;.$$

Führen wir nun die Funktion $\chi_\delta : \mathbb{R} \to \{0, 1\}$,

$$\chi_\delta(\xi) := \begin{cases} 0 & , \; t \in [-\delta, \delta] \;, \\ 1 & , \; t \in \mathbb{R} \setminus [-\delta, \delta] \;, \end{cases}$$

ein, so ergibt sich weiter mit $\sin(\xi R) = \frac{1}{2i}(e^{i\xi R} - e^{-i\xi R})$:

$$\begin{aligned}
\hat{F}_R f(t) - f(t) &= \frac{1}{2\pi} \int_{-\delta}^{\delta} (f(t+\xi) - 2f(t) + f(t-\xi)) \frac{\sin(R\xi)}{\xi} d\xi \\
&\quad + \frac{1}{4\pi i} \int_{-\infty}^{\infty} \frac{f(t+\xi) + f(t-\xi)}{\xi} \chi_\delta(\xi) e^{i\xi R} d\xi \\
&\quad + \frac{1}{4\pi i} \int_{-\infty}^{\infty} \frac{f(t+\xi) + f(t-\xi)}{\xi} \chi_\delta(\xi) e^{-i\xi R} d\xi \\
&\quad - \frac{1}{\pi} f(t) \lim_{K \to \infty} \int_{K \geq |\xi| > \delta} \frac{\sin(R\xi)}{\xi} d\xi \;.
\end{aligned}$$

Da die Funktion

$$\frac{f(t+\xi) + f(t-\xi)}{\xi} \chi_\delta(\xi)$$

als Funktion von ξ in $L_1(\mathbb{R})$ liegt, liefert das Riemann-Lebesgue-Theorem 2.2.5 – nach Übergang von den Cauchy-Hauptwert- zu den Lebesgue-Integralen – sofort

$$\lim_{R \to \infty} \frac{1}{4\pi i} \int_{-\infty}^{\infty} \frac{f(t+\xi) + f(t-\xi)}{\xi} \chi_\delta(\xi) e^{\pm i\xi R} d\xi = 0 \;.$$

Mit der Substitution $R\xi =: \lambda$ sowie der in Aufgabe 3.4.2 bewiesenen Existenz des Cauchy-Hauptwerts von sinc erhalten wir

3.4 Laplace-Integrale und Cauchy-Hauptwert-Fourier-Integrale

$$\lim_{K\to\infty}\int_{K\geq|\xi|>\delta}\frac{\sin(R\xi)}{\xi}d\xi = \lim_{K\to\infty}\int_{RK\geq|\lambda|>R\delta}\text{sinc}(\lambda)d\lambda \ ,$$

also für $R \to \infty$ unter Ausnutzung des Cauchyschen Konvergenzkriteriums

$$\lim_{R\to\infty}\lim_{K\to\infty}\int_{K\geq|\xi|>\delta}\frac{\sin(R\xi)}{\xi}d\xi = 0 \ .$$

Insgesamt haben wir also gezeigt, daß – sofern die Grenzwerte existieren –

$$\lim_{R\to\infty}(\hat{F}_R f(t) - f(t)) = \lim_{R\to\infty}\frac{1}{2\pi}\int_{-\delta}^{\delta}(f(t+\xi) - 2f(t) + f(t-\xi))\frac{\sin(R\xi)}{\xi}d\xi$$

bzw.

$$\frac{1}{2\pi}\int_{-\infty}^{\infty}f^\wedge(\tau)e^{it\tau}d\tau - f(t) = \lim_{R\to\infty}\frac{1}{2\pi}\int_{-\delta}^{\delta}(f(t+\xi) - 2f(t) + f(t-\xi))\frac{\sin R\xi}{\xi}d\xi$$

gilt, also die Behauptung des Satzes richtig ist. □

Als unmittelbare Konsequenz aus dem obigen Satz ergibt sich auch hier wieder die Dini-Bedingung, jetzt allerdings für Fourier-Integrale.

3.4.6 Satz (Fourier-Inversionssatz von Dini, Dini-Bedingung)

Es seien $f \in L_1(\mathbb{R})$ und $t \in \mathbb{R}$ beliebig gegeben. Dann gilt

$$f(t) = \frac{1}{2\pi}\int_{-\infty}^{\infty}f^\wedge(\tau)e^{it\tau}d\tau \ ,$$

falls ein $\delta > 0$ existiert mit

$$\int_0^\delta \frac{|f(t+\xi) - 2f(t) + f(t-\xi)|}{\xi}d\xi < \infty \ .$$

Beweis:
Es sei $t \in \mathbb{R}$ beliebig gegeben sowie $\sigma_\delta : \mathbb{R} \to \{0,1\}$ definiert als

$$\sigma_\delta(t) := \begin{cases} 1 &, t \in [-\delta,\delta] \ , \\ 0 &, t \in \mathbb{R} \setminus [-\delta,\delta] \ . \end{cases}$$

Da die als Funktion von ξ ungerade Funktion

$$\frac{f(t+\xi) - 2f(t) + f(t-\xi)}{\xi}\sigma_\delta(\xi)$$

aufgrund der Voraussetzung des Satzes in $L_1(I\!R)$ liegt, liefert das Riemann-Lebesgue-Theorem 2.2.5

$$\lim_{R\to\infty} \int_{-\delta}^{\delta} (f(t+\xi) - 2f(t) + f(t-\xi))\frac{\sin(R\xi)}{\xi}d\xi$$
$$= \lim_{R\to\infty} \int_{-\infty}^{\infty} \frac{f(t+\xi) - 2f(t) + f(t-\xi)}{\xi}\sigma_\delta(\xi)\left(\frac{1}{2i}\left(e^{iR\xi} - e^{-iR\xi}\right)\right)d\xi = 0 \ .$$

Daraus folgt die Behauptung mit dem Riemannschen Lokalisationsprinzip 3.4.5. □

Mit den letzten beiden Sätzen haben wir zwei Kriterien angegeben, die es gestatten, die Fourier-Transformation lokal via Cauchy-Hauptwert-Integral zu invertieren. Es ist klar, daß auch in diesem Kontext das Riemannsche Lokalisationsprinzip 3.4.5 zwar hinreichend und notwendig ist und damit theoretisch überzeugt, für die Praxis jedoch kaum anwendbar ist, da die lokale Bedingung an f zu schwer verifizierbar ist. Dagegen ist die Dini-Bedingung 3.4.6 nur hinreichend, aber i.a. leicht nachprüfbar. Insbesondere ist man natürlich wieder daran interessiert, für eine hinreichend große Klasse in der Praxis auftauchender Funktionen die Gültigkeit des lokalen Inversionsresultats zur Verfügung zu haben. Dieses Ziel vor Augen gehen wir vor wie in Abschnitt 1.4 und präzisieren zunächst die Klasse der von uns im folgenden zu analysierenden Funktionen.

3.4.7 Definition (Der Funktionenraum $RSC_1(I\!R)$)

Wir nennen eine Funktion $f : I\!R \to \mathbb{C}$ dem Raum der regulären stückweise stetig differenzierbaren Funktionen zugehörig (kurz: $f \in RSC_1(I\!R)$), genau dann, wenn gilt:

1. *f ist auf $I\!R$ stückweise mindestens einmal beschränkt stetig differenzierbar, genauer, es gibt höchstens endlich viele Punkte*

$$-\infty = \xi_o < \xi_1 < \ldots < \xi_n = \infty$$

sowie ein $M > 0$, so daß f jeweils stetig differenzierbar auf (ξ_i, ξ_{i+1}), $0 \leq i < n$, ist und

$$\sup\{|f'(t)| \mid t \in (\xi_1 - 1, \xi_1) \cup \bigcup_{1 \leq i < n-1} (\xi_i, \xi_{i+1}) \cup (\xi_{n-1}, \xi_{n-1} + 1)\} \leq M$$

gilt,

3.4 Laplace-Integrale und Cauchy-Hauptwert-Fourier-Integrale

2. an einer Unstetigkeitsstelle $\xi \in I\!\!R$ von f gilt

$$f(\xi) = \frac{1}{2}\left(\lim_{h\to o+} f(\xi+h) + \lim_{h\to o+} f(\xi-h)\right)$$
$$=: \frac{1}{2}(f(\xi+) + f(\xi-)) ,$$

d.h. ξ ist eine reguläre Unstetigkeitsstelle erster Ordnung von f.

Für die oben angegebene Klasse von Funktionen läßt sich nun der folgende lokale Inversionssatz für die Fourier-Transformation formulieren.

3.4.8 Satz (Fourier-Inversionssatz von Dirichlet-Jordan)

Es sei $f \in RSC_1(I\!\!R) \cap L_1(I\!\!R)$. Dann gilt für alle $t \in I\!\!R$

$$f(t) = \frac{1}{2\pi} \mathop{\vphantom{\int}}\!\!\!\!\!\!*\!\!\int_{-\infty}^{\infty} f^\wedge(\tau) e^{it\tau} d\tau .$$

Beweis:
Da f insbesondere aus $L_1(I\!\!R)$ ist, genügt es aufgrund der Dini-Bedingung 3.4.6 nachzuweisen, daß für alle $t \in I\!\!R$ ein $\delta > 0$ existiert mit

$$\int_0^\delta \frac{|f(t+\xi) - 2f(t) + f(t-\xi)|}{\xi} d\xi < \infty .$$

Den Nachweis hierfür kann man im Beweis von Satz 1.4.2 nachlesen. □

3.4.9 Aufgabe

Wenden Sie Satz 3.4.8 auf die Funktion B,

$$B(t) := \begin{cases} 1 & \text{für } |t| < 1 , \\ \frac{1}{2} & \text{für } |t| = 1 , \\ 0 & \text{für } |t| > 1 , \end{cases}$$

an, vergleichen Sie mit Satz 2.3.1, und bestätigen Sie erneut die Richtigkeit von

$$\mathop{\vphantom{\int}}\!\!\!\!\!\!*\!\!\int_{-\infty}^{\infty} \operatorname{sinc}(t) dt = \pi .$$

Wir haben nun eine Fülle sehr scharfer lokaler Aussagen für die Inversion der Fourier-Transformation zusammengetragen, die – wie Sie sicher schon bemerkt haben – in überzeugender Weise mit den lokalen Konvergenzresultaten für die Fourier-Reihen korrespondieren. Wir wollen es bei den bisher formulierten Resultaten dieses Typs belassen und nicht noch weiter in die engen Zusammenhänge eindringen, sondern uns stattdessen wieder unserem eigentlichen Problem, nämlich der lokalen Inversion der Laplace-Transformation, zuwenden. Dazu erinnern wir uns noch einmal daran, daß für $\alpha \in \mathbb{R}$ die Forderung $f \in LE_\alpha(\mathbb{R}_+)$ für jedes feste $x \in \mathbb{R}$, $x > \alpha$, zur Konsequenz hat, daß die Funktion $f_o e^{-x\cdot}$ mit

$$f_o(t) := \begin{cases} 0 & \text{für } t < 0, \\ f(t) & \text{für } t \geq 0, \end{cases}$$

aus $L_1(\mathbb{R})$ ist und für $z \in \mathbb{C}_\alpha$ mit $z = x + iy$, $y \in \mathbb{R}$, nach 3.3.1 gilt:

$$f^\sim(z) = (f_o e^{-x\cdot})^\wedge(y) \ .$$

Wir erhalten nun ohne Schwierigkeiten die folgenden drei Resultate.

3.4.10 Satz (Riemannsches Lokalisationsprinzip)

Es seien $\alpha \in \mathbb{R}$, $f \in LE_\alpha(\mathbb{R}_+)$ sowie $t \in \mathbb{R}_+$ beliebig gegeben. Genau dann gilt

$$f(t) = \frac{1}{2\pi i} \overset{*}{\int\limits_{x-i\infty}^{x+i\infty}} f^\sim(z) e^{zt} dz \ , \quad x > \alpha \ ,$$

wenn ein $\delta > 0$ existiert mit

$$\lim_{R \to \infty} \int\limits_{-\delta}^{\delta} (f_o(t+\xi) - 2f_o(t) + f_o(t-\xi)) \frac{\sin(R\xi)}{\xi} d\xi = 0 \ .$$

Beweis:
Es sei $x \in \mathbb{R}$, $x > \alpha$, beliebig gegeben sowie $R > 0$. Wegen

$$\frac{1}{2\pi i} \int\limits_{x-iR}^{x+iR} f^\sim(z) e^{zt} dz = \frac{1}{2\pi} \int\limits_{-R}^{R} f^\sim(x+iy) e^{(x+iy)t} dy$$

$$= \frac{1}{2\pi} e^{xt} \int\limits_{-R}^{R} (f_o e^{-x\cdot})^\wedge(y) e^{iyt} dy$$

brauchen wir aufgrund von Satz 3.4.5 nur noch zu zeigen, daß genau dann

$$\lim_{R \to \infty} \int\limits_{-\delta}^{\delta} (f_o(t+\xi) - 2f_o(t) + f_o(t-\xi)) \frac{\sin(R\xi)}{\xi} d\xi = 0$$

3.4 Laplace-Integrale und Cauchy-Hauptwert-Fourier-Integrale

gilt, wenn

$$\lim_{R\to\infty}\int_{-\delta}^{\delta}(f_o(t+\xi)e^{-x(t+\xi)} - 2f_o(t)e^{-xt} + f_o(t-\xi)e^{-x(t-\xi)})\frac{\sin(R\xi)}{\xi}d\xi = 0$$

gilt, bzw. – nach der erlaubten Division durch e^{-xt} – wenn

$$\lim_{R\to\infty}\int_{-\delta}^{\delta}(f_o(t+\xi)e^{-x\xi} - 2f_o(t) + f_o(t-\xi)e^{x\xi})\frac{\sin(R\xi)}{\xi}d\xi = 0$$

gilt. Subtrahiert man die beiden zu untersuchenden Folgen, so genügt es offenbar, die Grenzwertbeziehung

$$\lim_{R\to\infty}\int_{-\delta}^{\delta}(f_o(t+\xi)(1-e^{-x\xi}) + f_o(t-\xi)(1-e^{x\xi}))\frac{\sin(R\xi)}{\xi}d\xi = 0$$

zu zeigen. Dies folgt jedoch aufgrund der Stetigkeit der Funktionen

$$\frac{1-e^{\pm x\xi}}{\xi}$$

als Funktionen von ξ sowie der kompakten Integrierbarkeit von f_o mit dem bereits mehrfach ausgenutzten Rückgriff auf das Riemann-Lebesgue-Theorem 2.2.5. □

3.4.11 Satz (Laplace-Inversionssatz von Dini, Dini-Bedingung)

Es seien $\alpha \in \mathbb{R}$, $f \in LE_\alpha(\mathbb{R}_+)$ sowie $t \in \mathbb{R}_+$ beliebig gegeben. Dann gilt

$$f(t) = \frac{1}{2\pi i} {}^*\!\!\int_{x-i\infty}^{x+i\infty} f^\sim(z)e^{zt}dz \quad, \quad x > \alpha \quad,$$

falls ein $\delta > 0$ existiert mit

$$\int_o^\delta \frac{|f_o(t+\xi) - 2f_o(t) + f_o(t-\xi)|}{\xi}d\xi < \infty \quad.$$

Beweis:
Vergleiche den Beweis von Satz 3.4.6 sowie Satz 3.4.10. □

3.4.12 Satz (Laplace-Inversionssatz von Dirichlet-Jordan)

Es seien $\alpha \in \mathbb{R}$ sowie $f \in LE_\alpha(\mathbb{R}_+)$ mit $f_o \in RSC_1(\mathbb{R})$ gegeben. Dann gilt für alle $t \in \mathbb{R}_+$

$$f(t) = \frac{1}{2\pi i} ^\star\!\!\int_{x-i\infty}^{x+i\infty} f^\sim(z) e^{zt} dz \;,\; x > \alpha \;.$$

Beweis:
Da für alle $x > \alpha$

$$(f_o e^{-x \cdot}) \in RSC_1(\mathbb{R}) \cap L_1(\mathbb{R})$$

gilt, folgt die Behauptung sofort mit Satz 3.4.8, sowie dem immer wieder benutzten Zusammenhang

$$f^\sim(z) = (f_o e^{-x \cdot})^\wedge(y)$$

für $z = x + iy$, $z \in \mathbb{C}_\alpha$. □

3.4.13 Bemerkung

Man mache sich klar, daß in den Sätzen 3.4.10, 3.4.11 und 3.4.12 unter den gegebenen Bedingungen für $t < 0$ jeweils stets

$$\frac{1}{2\pi i} ^\star\!\!\int_{x-i\infty}^{x+i\infty} f^\sim(z) e^{zt} dz = 0$$

gilt.

3.4.14 Aufgabe

Gegeben sei die im Ursprung so modifizierte Einschaltfunktion $1 : \mathbb{R}_+ \to \mathbb{R}$,

$$1(t) := \begin{cases} \frac{1}{2} & \text{für } t = 0 \;, \\ 1 & \text{für } t > 0 \;, \end{cases}$$

daß $1_o \in RSC_1(\mathbb{R})$ gilt. Zeigen Sie durch direktes Nachrechnen und ohne Rückgriff auf Satz 3.4.12 bzw. Bemerkung 3.4.13, daß für alle $t \in \mathbb{R}$ und alle $x > 0$

$$1_o(t) = \frac{1}{2\pi i} ^\star\!\!\int_{x-i\infty}^{x+i\infty} 1^\sim(z) e^{zt} dz$$

gilt.

3.4 Laplace-Integrale und Cauchy-Hauptwert-Fourier-Integrale

Nachdem wir nun alle wesentlichen Resultate aus der Theorie der Fourier-Integrale (bis auf die L_2-Theorie, deren Analogon im Laplace-Kontext zwar existiert, aber weniger prägnant formulierbar ist; vgl. z.B. [20]) auf die Laplace-Transformation übertragen und sehr weitgehende Parallelen festgestellt haben, drängt sich nun natürlich die Frage auf, in welchem Zusammenhang die Vorzüge der Laplace-Transformation in Hinblick auf die größere Klasse transformierbarer Funktionen überhaupt zum Tragen kommen. Dies wird im folgenden Abschnitt deutlich werden, in dem wir sehr spezielle Eigenschaften der Laplace-Transformation, die die Fourier-Transformation nicht besitzt, zur Lösung linearer Differentialgleichungen mit konstanten Koeffizienten ausnutzen werden.

3.5 Spezielle Eigenschaften der Laplace-Integrale – Lösung linearer Differentialgleichungen –

Im letzten Abschnitt dieses Kapitels wenden wir spezielle Eigenschaften der Laplace-Transformation an, um sogenannte lineare inhomogene Differentialgleichungen n-ter Ordnung mit konstanten Koeffizienten und gegebenen Anfangsbedingungen zu lösen. Wir weisen der Vollständigkeit halber darauf hin, daß diese sogenannte Laplacesche Lösungsstrategie auch bei linearen Differentialgleichungssystemen mit konstanten Koeffizienten anwendbar ist, verzichten jedoch auf weitere Details zu diesem Aspekt und verweisen statt dessen auf [4] und [5].

Als Vorbereitung benötigen wir den folgenden Satz über die Berechnung der Laplace-Transformation abgeleiteter Funktionen.

3.5.1 Satz (Laplace-Transformation von Ableitungen)

Es seien $\alpha \in \mathbb{R}$ und $n \in \mathbb{N}$ gegeben sowie $f : \mathbb{R}_+ \to \mathbb{C}$ eine auf $\mathbb{R}_+$ n-mal stetig differenzierbare Funktion mit $f, f', \ldots, f^{(n)} \in LE_\alpha(\mathbb{R}_+)$. Dann läßt sich $(f^{(n)})^\sim(z)$ für alle $z \in \mathbb{C}_\alpha$ berechnen als

$$(f^{(n)})^\sim(z) = z^n f^\sim(z) - \sum_{k=o}^{n-1} f^{(n-1-k)}(0) z^k \quad .$$

Beweis:
Wir führen den Beweis mit vollständiger Induktion, wobei $z \in \mathbb{C}_\alpha$ beliebig sei. Für $n = 1$ erhält man sofort mittels partieller Integration:

$$\begin{aligned}(f')^\sim(z) &= \int_o^\infty f'(t) e^{-zt} dt \\ &= [f(t) e^{-zt}]_o^\infty - \int_o^\infty f(t)(-z e^{-zt}) dt \\ &= z f^\sim(z) - f(0) \quad .\end{aligned}$$

Es gelte nun für $1 \leq m < n$:

$$(f^{(m)})^\sim(z) = z^m f^\sim(z) - \sum_{k=o}^{m-1} f^{(m-1-k)}(0) z^k \quad .$$

3.5 Spezielle Eigenschaften der Laplace-Integrale

Dann folgt für n:

$$\begin{aligned}
(f^{(n)})^{\sim}(z) &= ((f^{(n-1)})')^{\sim}(z) \\
&= z(f^{(n-1)})^{\sim}(z) - f^{(n-1)}(0) \\
&= z\left(z^{n-1}f^{\sim}(z) - \sum_{k=o}^{n-2} f^{(n-2-k)}(0)z^k\right) - f^{(n-1)}(0) \\
&= z^n f^{\sim}(z) - \sum_{k=o}^{n-1} f^{(n-1-k)}(0)z^k \quad .
\end{aligned}$$

$\square$

3.5.2 Bemerkung

Man kann zeigen, daß für eine n-mal stetig differenzierbare Funktion $f : \mathbb{R}_+ \to \mathbb{C}$ die Forderung $f^{(n)} \in LE_\alpha(\mathbb{R}_+)$ für ein $\alpha \in \mathbb{R}$ bereits $f, f', \ldots, f^{(n-1)} \in LE_\alpha(\mathbb{R}_+)$ impliziert. Wir verzichten auf diesen Nachweis und verweisen z.B. auf [4].

Wir sind nun in der Lage, uns der systematischen Lösung sogenannter inhomogener linearer Differentialgleichungen mit konstanten Koeffizienten annehmen zu können.

3.5.3 Satz und Definition (Laplace-Strategie)

Es seien $n \in \mathbb{N}$, $a_0, a_1, \ldots, a_{n-1} \in \mathbb{C}$, $f_0^{(0)}, f_0^{(1)}, \ldots, f_0^{(n-1)} \in \mathbb{C}$ *sowie eine stetige Funktion* $g : \mathbb{R}_+ \to \mathbb{C}$ *gegeben. Das Problem, eine mindestens n-mal stetig differenzierbare Funktion* $f : \mathbb{R}_+ \to \mathbb{C}$ *zu finden, die den Bedingungen*

$$\begin{aligned}
f^{(n)}(t) + a_{n-1}f^{(n-1)}(t) + \cdots + a_1 f'(t) + a_0 f(t) &= g(t) \quad , \quad t \geq 0 \quad , \\
f(0) &= f_0^{(0)} \quad , \\
f'(0) &= f_0^{(1)} \quad , \\
&\vdots \\
f^{(n-1)}(0) &= f_0^{(n-1)} \quad ,
\end{aligned}$$

genügt, heißt lineares inhomogenes Anfangswertproblem n-ter Ordnung auf $\mathbb{R}_+$ mit konstanten Koeffizienten. Das zugehörige Polynom $p : \mathbb{C} \to \mathbb{C}$,

$$p(z) := z^n + a_{n-1}z^{n-1} + \cdots + a_1 z + a_0 \quad , \quad z \in \mathbb{C} \quad ,$$

wird charakteristisches Polynom der Differentialgleichung bzw. des Anfangswertproblems genannt, und seine $s \leq n$ (ggf. mehrfachen) Nullstellen seien mit $z_1, \ldots, z_s \in \mathbb{C}$ sowie die zugehörigen Vielfachheiten mit $n_1, \ldots, n_s \in \mathbb{N}$ bezeichnet, d.h. es gilt

$$p(z) = (z-z_1)^{n_1} \cdot (z-z_2)^{n_2} \cdots (z-z_s)^{n_s} \quad , \quad z \in \mathbb{C} \quad .$$

Falls nun ein $\alpha \in I\!\!R$ existiert mit $f, f', \ldots, f^{(n)}, g \in LE_\alpha(I\!\!R_+)$, dann gilt mit $a_n := 1$

$$p(z) \cdot f^\sim(z) = \sum_{k=o}^{n} a_k \sum_{r=o}^{k-1} f_0^{(k-1-r)} z^r + g^\sim(z) \quad , \quad z \in \mathbb{C}_\alpha \quad .$$

Setzt man ferner

$$\beta := \max\{\alpha, \ Re \ z_1, \ Re \ z_2, \ \ldots, \ Re \ z_s\} \quad ,$$

dann gilt $p(z) \neq 0$ für $z \in \mathbb{C}_\beta$ und die Lösung f des Anfangswertproblems läßt sich für alle $t > 0$ berechnen als

$$f(t) = \frac{1}{2\pi i} \int\limits_{x-i\infty}^{x+i\infty} \frac{\sum_{k=o}^{n} a_k \sum_{r=o}^{k-1} f_0^{(k-1-r)} z^r + g^\sim(z)}{p(z)} e^{zt} dz \quad , \quad x > \beta \quad .$$

Beweis:
Wir wenden auf die gegebene Differentialgleichung die Laplace-Transformation an und erhalten – ihre Linearität ausnutzend – wegen $f, f', \ldots, f^{(n)}, g \in LE_\alpha(I\!\!R)$ für alle $z \in \mathbb{C}_\alpha$

$$(f^{(n)})^\sim(z) + a_{n-1}(f^{(n-1)})^\sim(z) + \cdots + a_0 f^\sim(z) = g^\sim(z)$$

bzw. mit $a_n := 1$

$$\sum_{k=o}^{n} a_k (f^{(k)})^\sim(z) = g^\sim(z) \quad .$$

Unter Ausnutzung von Satz 3.5.1 sowie der gegebenen Anfangsbedingungen ergibt sich weiter für $z \in \mathbb{C}_\alpha$

$$\sum_{k=o}^{n} a_k \left(z^k f^\sim(z) - \sum_{r=o}^{k-1} f_0^{(k-1-r)} z^k \right) = g^\sim(z)$$

bzw.

$$p(z) \cdot f^\sim(z) = \sum_{k=o}^{n} a_k \sum_{r=o}^{k-1} f_0^{(k-1-r)} z^r + g^\sim(z) \quad .$$

Unter der zusätzlichen Restriktion $z \in \mathbb{C}_\beta$ darf die letzte Gleichung durch $p(z)$ dividiert werden, und man erhält für $f^\sim(z)$ die für alle $z \in \mathbb{C}_\beta$ gültige Darstellung

$$f^\sim(z) = \frac{\sum_{k=o}^{n} a_k \sum_{r=o}^{k-1} f_0^{(k-1-r)} z^r + g^\sim(z)}{p(z)} \quad .$$

Die Rekonstruierbarkeit von f aus $f^\sim$ gemäß

3.5 Spezielle Eigenschaften der Laplace-Integrale

$$f(t) = \frac{1}{2\pi i} {\star}\!\!\!\!\int_{x-i\infty}^{x+i\infty} f^{\sim}(z)e^{zt}dz \quad , \quad x > \alpha \quad , \quad t > 0 \quad ,$$

bzw.

$$f(t) = \frac{1}{2\pi i} {\star}\!\!\!\!\int_{x-i\infty}^{x+i\infty} \frac{\sum_{k=o}^{n} a_k \sum_{r=o}^{k-1} f_0^{(k-1-r)} z^r + g^{\sim}(z)}{p(z)} e^{zt}dz \quad , \quad x > \beta \quad , \quad t > 0 \quad ,$$

folgt dann wegen der stetigen Differenzierbarkeit von f auf $I\!R_+$ unmittelbar aus dem Dirichlet-Jordan-Resultat 3.4.12, wobei der Punkt $t = 0$ offensichtlich eine Sonderrolle spielt: Aufgrund der Stetigkeit von f auf $I\!R_+$ muß $f(0) = f(0+)$ gelten; um $f_o \in RSC_1(I\!R)$ zu gewährleisten, wäre $f(0) = \frac{1}{2}f(0+)$ notwendig. □

3.5.4 Bemerkung (Anwendung der Laplace-Strategie)

Für ein konkret gegebenes Anfangswertproblem ist es i.a. schwierig, die – zum Teil redundanten – a priori Voraussetzungen des obigen Satzes explizit zu verifizieren. Für die Praxis gilt in Hinblick auf die Laplace-Strategie deshalb kurz und prägnant: Losrechnen und Probe! Desweiteren sei darauf hingewiesen, daß man in vielen praxisrelevanten Fällen im Laufe der Rechnung für $f^{\sim}$ eine sogenannte echt gebrochen-rationale Darstellung erhält, d.h. $f^{\sim}$ läßt sich darstellen als

$$f^{\sim}(z) = \frac{q(z)}{p(z)} \quad , \quad z \in C_\beta \quad ,$$

wobei p das charakteristische Polynom der Differentialgleichung vom exakten Grad n und q ein anderes Polynom vom Höchstgrad $(n-1)$ ist. Wegen

$$p(z) = \prod_{k=1}^{s}(z - z_k)^{n_k}$$

läßt sich dann für $f^{\sim}$ eine Partialbruchzerlegung durchführen, d.h. es lassen sich Konstanten $A_1^{(1)}, \ldots, A_{n_1}^{(1)}, A_1^{(2)}, \ldots, A_{n_2}^{(2)}, \ldots, A_1^{(s)}, \ldots, A_{n_s}^{(s)}$ aus C bestimmen, so daß $f^{\sim}$ darstellbar ist als

$$f^{\sim}(z) = \frac{q(z)}{p(z)} = \sum_{k=1}^{s}\sum_{r=1}^{n_k} \frac{A_r^{(k)}}{(z-z_k)^r} \quad , \quad z \in C_\beta \quad .$$

Erinnert man sich nun an Satz 3.2.10, Bemerkung 3.2.11 sowie den Identitätssatz 3.3.2 so folgt aus der obigen Darstellung für f unmittelbar

$$f(t) = \sum_{k=1}^{s}\sum_{r=1}^{n_k} \frac{A_r^{(k)}}{(r-1)!} t^{r-1} e^{z_k t} \quad , \quad t \in I\!R_+ \quad ,$$

und zwar ohne explizite Berechnung des Cauchy-Hauptwert-Inversionsintegrals. Es ist grundsätzlich immer so, daß man sich in der Praxis bemüht, die Berechnung des Inversionsintegrals zu vermeiden und stattdessen sogenannte Korrespondenztabellen für Funktionen mit ihren Laplace-Transformierten (Laplace-Inversen) heranzuziehen. Wir veranschaulichen uns im folgenden das prinzipielle Vorgehen anhand eines Beispiels.

3.5.5 Beispiel zur Laplace-Strategie

Gegeben sei das Anfangswertproblem

$$f'''(t) - 3f''(t) + 3f'(t) - f(t) = t^2 e^t \ , \ t \geq 0 \ ,$$
$$f(0) = 1 \ ,$$
$$f'(0) = 0 \ ,$$
$$f''(0) = -2 \ .$$

Mit den Identifizierungen $n = 3$, $a_0 = -1$, $a_1 = 3$, $a_2 = -3$, $a_3 = 1$, $f_0^{(0)} = 1$, $f_0^{(1)} = 0$, $f_0^{(2)} = -2$ ergibt sich nach Anwendung der Laplace-Transformation gemäß Satz 3.5.3 für $f^\sim$,

$$f^\sim(z) = \frac{z^2 - 3z + 1 + \dfrac{2}{(z-1)^3}}{z^3 - 3z^2 + 3z - 1} \ ,$$

wobei wir zur Transformation der Inhomogenität $g(t) := t^2 e^t$ auf Satz 3.2.10 zurückgegriffen haben. Wegen

$$p(z) = z^3 - 3z^2 + 3z - 1 = (z-1)^3$$

ergibt sich aus

$$f^\sim(z) = \frac{z^2 - 3z + 1}{(z-1)^3} + \frac{2}{(z-1)^6}$$

mit dem Ansatz

$$f^\sim(z) = \frac{A}{z-1} + \frac{B}{(z-1)^2} + \frac{C}{(z-1)^3} + \frac{2}{(z-1)^6}$$

die Partialbruchzerlegung

$$f^\sim(z) = \frac{1}{z-1} - \frac{1}{(z-1)^2} - \frac{1}{(z-1)^3} + \frac{2}{(z-1)^6} \ .$$

Gliedweise Inversion führt damit auf

$$f(t) = e^t - te^t - \frac{1}{2}t^2 e^t + \frac{1}{60}t^5 e^t \ , \ t \geq 0 \ .$$

Die Richtigkeit der Lösung bestätigt man leicht durch eine Probe.

3.5 Spezielle Eigenschaften der Laplace-Integrale

3.5.6 Aufgabe

Lösen Sie das Anfangswertproblem

$$f''(t) - f(t) = t \ , \quad t \geq 0 \ ,$$
$$f(0) = 1 \ ,$$
$$f'(0) = 0 \ ,$$

mit Hilfe der Laplace-Transformation.

Mit der oben skizzierten Laplaceschen Strategie zur Lösung spezieller linearer Anfangswertprobleme haben wir bereits eine erste Anwendung der Laplace-Integrale kennengelernt. Es stellt sich natürlich spätestens hier die Frage, welche weiteren konkreten Probleme mittels Laplace-Transformation oder – allgemeiner – mit Mitteln der Fourier-Analysis gelöst werden können. Diesem Aspekt werden wir uns gezielt im letzten Kapitel zuwenden.

3.6 Lösungshinweise zu den Übungsaufgaben

Zu Aufgabe 3.2.1

Es sei zunächst stets $z \in \mathbb{C}_\alpha$ beliebig gegeben.

1. Die Linearität des Laplace-Integrals ist eine unmittelbare Konsequenz der Linearität des Integrals schlechthin:

$$\begin{aligned}(af + bg)^\sim(z) &= \int_0^\infty (af(t) + bg(t))e^{-zt}dt \\ &= a\int_0^\infty f(t)e^{-zt}dt + b\int_0^\infty g(t)e^{-zt}dt \\ &= af^\sim(z) + bg^\sim(z) \ .\end{aligned}$$

2. Da Integration und Konjugation vertauschbar sind, ergibt sich

$$\overline{f^\sim(z)} = \overline{\int_0^\infty f(t)e^{-zt}dt} = \int_0^\infty \bar{f}(t)e^{-\bar{z}t}dt = \bar{f}^\sim(\bar{z}) \ .$$

3. Mit 1. und 2. aus:

$$\begin{aligned}(\operatorname{Re} f)^\sim(z) &= \left(\frac{1}{2}(f + \bar{f})\right)^\sim(z) \\ &= \frac{1}{2}(f^\sim(z) + \bar{f}^\sim(z)) \\ &= \frac{1}{2}(f^\sim(z) + \overline{f^\sim(\bar{z})}) \ .\end{aligned}$$

4. Mit 1. und 2. aus:

$$\begin{aligned}(\operatorname{Im} f)^\sim(z) &= \left(\frac{1}{2i}(f - \bar{f})\right)^\sim(z) \\ &= \frac{1}{2i}(f^\sim(z) - \bar{f}^\sim(z)) \\ &= \frac{1}{2i}(f^\sim(z) - \overline{f^\sim(\bar{z})}) \ .\end{aligned}$$

5. Folgt mit dem Satz von Lebesgue über die majorisierte Konvergenz sowie der Integrierbarkeit von $f(t)e^{-(\operatorname{Re} z)t}$ auf $[0, \infty)$,

$$\int_0^\infty |f(t)|e^{-(\operatorname{Re} z)t}dt < \infty \ , \quad \operatorname{Re} z > \alpha \ ,$$

3.6 Lösungshinweise zu den Übungsaufgaben

aus (Man beachte: $\mathbb{C}_\alpha$ ist offen und $h \in \mathbb{C}$):

$$\lim_{h \to 0} |f^\sim(z+h) - f^\sim(z)| = \lim_{h \to 0} \left| \int_0^\infty f(t)(e^{-(z+h)t} - e^{-zt}) dt \right|$$

$$\leq \lim_{h \to 0} \int_0^\infty |f(t)| e^{-(\operatorname{Re} z)t} |e^{-ht} - 1| dt$$

$$= \int_0^\infty |f(t)| e^{-(\operatorname{Re} z)t} \lim_{h \to 0} |1 - e^{-ht}| dt$$

$$= 0 \ .$$

6. Es sei nun $z \in \mathbb{C}_\beta$, d.h. $\operatorname{Re} z > \beta > \alpha$. Dann gilt:

$$|f^\sim(z)| = \left| \int_0^\infty f(t) e^{-zt} dt \right|$$

$$\leq \int_0^\infty |f(t)| e^{-(\operatorname{Re} z)t} dt$$

$$\leq \int_0^\infty |f(t)| e^{-\beta t} dt =: M < \infty \ .$$

Also ist $f^\sim$ beschränkt auf $\mathbb{C}_\beta$.

Zu Aufgabe 3.2.3

1. Wegen

$$\int_0^\infty |e^{wt}| e^{-\beta t} dt = \int_0^\infty e^{(\operatorname{Re} w - \beta)t} < \infty \ , \quad \text{falls} \ \ \operatorname{Re} w - \beta < 0 \ ,$$

folgt sofort $\exp(w \cdot) \in LE_{\alpha_1}(\mathbb{R}_+)$. Weiter ergibt sich für $z \in \mathbb{C}_{\alpha_1}$, d.h. für $z \in \mathbb{C}$ mit $\operatorname{Re} z > \operatorname{Re} w$:

$$(\exp(w \cdot))^\sim(z) = \int_0^\infty e^{wt} e^{-zt} dt = \frac{1}{w-z} [e^{(w-z)t}]_0^\infty$$

$$= \frac{1}{z-w} \ .$$

2. Zunächst gilt nach 1. wegen $\operatorname{Re}(iw) = -\operatorname{Im} w$:

$$\exp(iw \cdot) \in LE_{\operatorname{Re}(iw)}(\mathbb{R}_+) = LE_{-\operatorname{Im} w}(\mathbb{R}_+) \ ,$$
$$\exp(-iw \cdot) \in LE_{\operatorname{Re}(-iw)}(\mathbb{R}_+) = LE_{\operatorname{Im} w}(\mathbb{R}_+) \ .$$

Also gilt

$$\exp(iw\cdot)\,,\,\exp(-iw\cdot)\in LE_{-\operatorname{Im}w}(I\!R_+)\cap LE_{\operatorname{Im}w}(I\!R_+)=LE_{\alpha_2}(I\!R_+)\;.$$

Mit Teil 1. dieser Aufgabe sowie Aufgabe 3.2.1 folgt somit für alle $z\in LE_{\alpha_2}(I\!R_+)$:

$$\begin{aligned}(\cos(w\cdot))^\sim(z)&=\left(\frac{1}{2}(\exp(iw\cdot)+\exp(-iw\cdot))\right)^\sim(z)\\&=\frac{1}{2}\left(\frac{1}{z-iw}+\frac{1}{z+iw}\right)=\frac{z}{z^2+w^2}\;,\\(\sin(w\cdot))^\sim(z)&=\left(\frac{1}{2i}(\exp(iw\cdot)-\exp(-iw\cdot))\right)^\sim(z)\\&=\frac{1}{2i}\left(\frac{1}{z-iw}-\frac{1}{z+iw}\right)=\frac{w}{z^2+w^2}\;.\end{aligned}$$

Zu Aufgabe 3.2.5

Mit Aufgabe 3.2.3 (2.) und dem Dämpfungssatz ergibt sich

$$\begin{aligned}f^\sim(z)&=(\cos(2\cdot)e^{-4\cdot})^\sim(z)\\&=(\cos(2\cdot))^\sim(z+4)\\&=\frac{z+4}{(z+4)^2+4}=\frac{z+4}{z^2+8z+20}\;,\end{aligned}$$

und zwar für alle $z\in C_{-4}$.

Zu Aufgabe 3.2.6

Offenbar ist mit f auch f_λ aus $LE_\alpha(I\!R_+)$, so daß (1) evident ist. Aussage (2) rechnet man für $z\in C_\alpha$ unmittelbar nach:

$$\begin{aligned}f_\lambda^\sim(z)&=\int_0^\infty f_\lambda(t)e^{-zt}dt &&(f_\lambda(t)=0\,,\,t<\lambda)\\&=\int_\lambda^\infty f(t-\lambda)e^{-zt}dt &&(t-\lambda=:\tau)\\&=\int_0^\infty f(\tau)e^{-z(\tau+\lambda)}d\tau\\&=e^{-\lambda z}\int_0^\infty f(\tau)e^{-z\tau}d\tau\\&=e^{-\lambda z}f^\sim(z)\;.\end{aligned}$$

3.6 Lösungshinweise zu den Übungsaufgaben

Zu Aufgabe 3.2.9

Es sei $n \in I\!N_o$ beliebig gegeben sowie $t \geq 0$. Dann gilt

$$\begin{aligned}(m_n * m_o)(t) &= \int_o^t (t-\tau)^n \cdot \tau^o d\tau \\ &= \left[-\frac{1}{n+1}(t-\tau)^{n+1} \right]_o^t \\ &= \frac{1}{n+1} t^{n+1} \\ &= \frac{1}{n+1} m_{n+1}(t) \ .\end{aligned}$$

Zu Aufgabe 3.4.2

Wir haben zu zeigen, daß

$$\lim_{R \to \infty} \int_{-R}^R \operatorname{sinc}(t) dt = \pi$$

gilt. In einem ersten Schritt weisen wir nach, daß der Grenzwert überhaupt existiert. Dazu sei $R > 0$ beliebig gegeben. Mittels partieller Integration erhalten wir zunächst

$$\begin{aligned}\int_\pi^R \operatorname{sinc}(t) dt &= \int_\pi^R \frac{\sin t}{t} dt \\ &= \left[\frac{-\cos t}{t} \right]_\pi^R - \int_\pi^R \frac{\cos t}{t^2} dt \\ &= -\frac{\cos R}{R} - \frac{1}{\pi} - \int_\pi^R \frac{\cos t}{t^2} dt \ .\end{aligned}$$

Da

$$\int_\pi^R \left| \frac{\cos t}{t^2} \right| dt \leq \int_\pi^R \frac{1}{t^2} dt < \int_\pi^\infty \frac{1}{t^2} dt = \frac{1}{\pi}$$

gilt und die absolute Konvergenz eines Integrals insbesondere die gewöhnliche impliziert, folgt wegen

$$\lim_{R \to \infty} \frac{\cos R}{R} = 0$$

insgesamt die Konvergenz von

$$\int_\pi^R \mathrm{sinc}(t)dt$$

für $R \to \infty$. Da die sinc-Funktion eine gerade Funktion ist, folgt daraus insgesamt wegen

$$\int_{-R}^R \mathrm{sinc}(t)dt = 2\int_o^\pi \mathrm{sinc}(t)dt + 2\int_\pi^R \mathrm{sinc}(t)dt$$

die Konvergenz von

$$\int_{-R}^R \mathrm{sinc}(t)dt$$

für $R \to \infty$. Wir setzen zur Abkürzung

$$\lim_{R\to\infty} \int_{-R}^R \mathrm{sinc}(t)dt =: A$$

und haben lediglich noch $A = \pi$ zu zeigen. Zunächst gilt für alle $x > 0$

$$\lim_{R\to\infty} \int_{-R}^R \frac{\sin(xt)}{t}dt = \lim_{R\to\infty} \int_{-xR}^{xR} \frac{\sin u}{u}du = A \ ,$$

woraus wegen $\sin t \cos(xt) = \frac{1}{2}\sin(1+x)t + \frac{1}{2}\sin(1-x)t$ insbesondere für alle $|x| < 1$

$$\lim_{R\to\infty} \int_{-R}^R \frac{\sin t}{t}\cos(xt)dt = A$$

folgt. Nun hat jedoch andererseits die Funktion $B : {I\!\!R} \to {I\!\!R}$,

$$B(t) := \begin{cases} 1 & \text{für } |t| \leq 1 \ , \\ 0 & \text{für } |t| > 1 \ , \end{cases}$$

nach Satz 2.3.1 die Fourier-Transformierte 2 sinc, also

$$B^\wedge(t) = 2\ \mathrm{sinc}(t) \ , \quad t \in {I\!\!R} \ ,$$

woraus wegen $B \in L_2({I\!\!R})$ nach dem Plancherel-Theorem 2.2.23 sowie Satz und Definition 2.2.21 folgt, daß die Folge

$$\begin{aligned}\hat{F}_n B(x) &:= \frac{1}{2\pi}\int_{-n}^n B^\wedge(t)e^{ixt}dt \\ &= \frac{1}{\pi}\int_{-n}^n \mathrm{sinc}(t)e^{ixt}dt \\ &= \frac{1}{\pi}\int_{-n}^n \frac{\sin t}{t}\cos(xt)dt\end{aligned}$$

im $L_2(\mathbb{R})$-Sinne gegen B konvergiert. Das impliziert aber die Existenz einer Teilfolge $(\hat{F}_{n_k} B)_{k \in \mathbb{N}}$ von $(\hat{F}_n B)_{n \in \mathbb{N}}$, die insbesondere für fast alle $x \in (-1,1)$ die Bedingung

$$\lim_{k \to \infty} \hat{F}_{n_k} B(x) = B(x) \ ,$$

also

$$\lim_{k \to \infty} \frac{1}{\pi} \int_{-n_k}^{n_k} \frac{\sin t}{t} \cos(xt) dt = 1$$

erfüllt. Da andererseits aber bereits für alle $x \in (-1,1)$

$$\lim_{k \to \infty} \int_{-n_k}^{n_k} \frac{\sin t}{t} \cos(xt) dt = A$$

gilt, folgt wie behauptet $A = \pi$.

Zu Aufgabe 3.4.9

Da die Funktion B,

$$B(t) := \begin{cases} 1 & \text{für } |t| < 1 \ , \\ \frac{1}{2} & \text{für } |t| = 1 \ , \\ 0 & \text{für } |t| > 1 \ , \end{cases}$$

offenbar aus $RSC_1(\mathbb{R}) \cap L_1(\mathbb{R})$ ist, gilt für alle $t \in \mathbb{R}$

$$B(t) = \frac{1}{2\pi} \int_{-\infty}^{\infty} B^\wedge(\tau) e^{it\tau} d\tau \ .$$

Da die in Satz 2.3.1 betrachtete Funktion B von der in dieser Aufgabe definierten Funktion nur in den Punkten ± 1 differiert und diese Punkte bezüglich der Integration und damit in Bezug auf die Berechnung der Fourier-Transformierten von B irrelevant sind, erhalten wir nach Satz 2.3.1

$$B^\wedge(t) = 2 \operatorname{sinc}(t) \ , \quad t \in \mathbb{R} \ ,$$

also insgesamt

$$B(t) = \frac{1}{\pi} \int_{-\infty}^{\infty} \operatorname{sinc}(\tau) e^{it\tau} d\tau \ , \quad t \in \mathbb{R} \ .$$

Speziell für $t = 0$ folgt

$$B(0) = \frac{1}{\pi} \ \!\!\!\!\!\!\!\!\!\not\!\!\int_{-\infty}^{\infty} \mathrm{sinc}(\tau) d\tau \ ,$$

also wegen $B(0) = 1$ erneut die Identität

$$\ \!\!\!\!\!\!\!\!\not\!\!\int_{-\infty}^{\infty} \mathrm{sinc}(\tau) d\tau = \pi \ .$$

Zu Aufgabe 3.4.14

Da die Einschaltfunktion $\mathbf{1}$ im Vergleich zu ihrer Definition in Satz 3.2.2 lediglich im Ursprung modifiziert wurde und diese Änderung in Hinblick auf die Berechnung der Laplace-Transformierten irrelevant ist, erhalten wir zunächst gemäß eben diesem Satz

$$\mathbf{1}^{\sim}(z) = \frac{1}{z} \ , \quad z \in \mathbb{C}_o \ .$$

Wir haben also nun für $x > 0$ beliebig und fest zu zeigen, daß gilt:

$$\frac{1}{2\pi i} \ \!\!\!\!\!\!\!\!\!\star\!\!\!\int_{x-i\infty}^{x+i\infty} \frac{1}{z} e^{zt} dz = \begin{cases} 1 & \text{für } t > 0 \ , \\ \frac{1}{2} & \text{für } t = 0 \ , \\ 0 & \text{für } t < 0 \ . \end{cases}$$

Es sei zunächst $t \in \mathbb{R}$ beliebig. Mit der Parametrisierung

$$z(\tau) = x + i\tau \ , \quad -\infty < \tau < \infty \ ,$$

geht das zu berechnende Cauchy-Hauptwert-Integral über in

$$\frac{1}{2\pi i} \ \!\!\!\!\!\!\!\!\!\star\!\!\!\int_{x-i\infty}^{x+i\infty} \frac{1}{z} e^{zt} dz \ = \ \frac{1}{2\pi} \ \!\!\!\!\!\!\!\!\not\!\!\int_{-\infty}^{\infty} \frac{1}{x+i\tau} e^{(x+i\tau)t} d\tau$$

$$= \ \frac{1}{2\pi} e^{xt} \ \!\!\!\!\!\!\!\!\not\!\!\int_{-\infty}^{\infty} \frac{x - i\tau}{x^2 + \tau^2} e^{i\tau t} d\tau \ .$$

Es sei zunächst $t = 0$. Dann gilt, da $\dfrac{\tau}{x^2 + \tau^2}$ in τ ungerade ist:

$$\frac{1}{2\pi i} \ \!\!\!\!\!\!\!\!\!\star\!\!\!\int_{x-i\infty}^{x+i\infty} \frac{1}{z} dz \ = \ \frac{1}{2\pi} \ \!\!\!\!\!\!\!\!\not\!\!\int_{-\infty}^{\infty} \frac{x - i\tau}{x^2 + \tau^2} d\tau$$

$$= \ \frac{1}{2\pi} \ \!\!\!\!\!\!\!\!\not\!\!\int_{-\infty}^{\infty} \frac{x}{x^2 + \tau^2} d\tau \ .$$

3.6 Lösungshinweise zu den Übungsaufgaben

Da $x > 0$ ist und die Funktion $g_x : \mathbb{R} \to \mathbb{R}$,

$$g_x(\tau) := \frac{x}{x^2 + \tau^2} \quad , \quad \tau \in \mathbb{R} \; ,$$

Lebesgue-integrierbar ist, kann man vom Cauchy-Hauptwert-Integral zum gewöhnlichen Lebesgue-Integral übergehen und erhält

$$\frac{1}{2\pi} \,*\!\!\!\!\int_{-\infty}^{\infty} \frac{x}{x^2 + \tau^2} d\tau = \frac{1}{2\pi} \int_{-\infty}^{\infty} \frac{x}{x^2 + \tau^2} d\tau = \frac{1}{2\pi} \int_{-\infty}^{\infty} \frac{1}{1+\tau^2} d\tau \; .$$

Da nach Aufgabe 2.2.6 für den Picard-Kern P,

$$P(\tau) := e^{-|\tau|} \quad , \quad \tau \in \mathbb{R} \; ,$$

gilt

$$P^{\wedge}(\tau) = \frac{2}{1+\tau^2} \quad , \quad \tau \in \mathbb{R} \; ,$$

läßt sich nach Satz 2.3.2 wegen $P, P^{\wedge} \in L_1(\mathbb{R}) \cap C(\mathbb{R})$ weiter schließen:

$$\frac{1}{2\pi} \int_{-\infty}^{\infty} \frac{1}{1+\tau^2} d\tau = \frac{1}{2} \frac{1}{2\pi} \int_{-\infty}^{\infty} P^{\wedge}(\tau) d\tau = \frac{1}{2} P(0) = \frac{1}{2} \; .$$

Damit ist der Nachweis für den Fall $t = 0$ erbracht.

Es sei nun $t \neq 0$. Dann gilt zunächst für das zu untersuchende Integral

$$\frac{1}{2\pi i} \,*\!\!\!\!\int_{x-i\infty}^{x+i\infty} \frac{1}{z} e^{zt} dt = \frac{1}{2\pi} e^{xt} \,*\!\!\!\!\int_{-\infty}^{\infty} \frac{x}{x^2+\tau^2} e^{i\tau t} d\tau - \frac{i}{2\pi} e^{xt} \,*\!\!\!\!\int_{-\infty}^{\infty} \frac{\tau}{x^2+\tau^2} e^{i\tau t} d\tau \; .$$

Wie oben schließt man für das erste Integral

$$\begin{aligned}
\frac{1}{2\pi} e^{xt} \,*\!\!\!\!\int_{-\infty}^{\infty} \frac{x}{x^2+\tau^2} e^{i\tau t} d\tau &= \frac{1}{2\pi} e^{xt} \int_{-\infty}^{\infty} \frac{x}{x^2+\tau^2} e^{i\tau t} d\tau \\
&= \frac{1}{2\pi} e^{xt} \int_{-\infty}^{\infty} \frac{1}{1+\tau^2} e^{i\tau x t} d\tau \\
&= \frac{1}{2} e^{xt} P(xt) \\
&= \frac{1}{2} e^{xt} e^{-|xt|} \\
&= \begin{cases} \dfrac{1}{2} & \text{für } t > 0 \; , \\ \dfrac{1}{2} e^{2xt} & \text{für } t < 0 \; . \end{cases}
\end{aligned}$$

Für das zweite Integral erhält man rein formal rechnend:

$$\frac{-i}{2\pi}e^{xt}\int_{-\infty}^{\infty}\frac{\tau}{x^2+\tau^2}e^{i\tau t}d\tau = \frac{-1}{2\pi}e^{xt}\lim_{R\to\infty}\int_{-R}^{R}\frac{1}{x^2+\tau^2}(i\tau)e^{i\tau t}d\tau$$

$$= \frac{-1}{2\pi}e^{xt}\lim_{R\to\infty}\left\{\frac{d}{dt}\int_{-R}^{R}\frac{1}{x^2+\tau^2}e^{i\tau t}d\tau\right\}$$

$$= \frac{-1}{2\pi}e^{xt}\frac{d}{dt}\left\{\lim_{R\to\infty}\frac{1}{x}\int_{-\frac{R}{x}}^{\frac{R}{x}}\frac{1}{1+\tau^2}e^{i\tau xt}d\tau\right\}$$

$$= -e^{xt}\frac{d}{dt}\left\{\frac{1}{x}\frac{1}{2}P(xt)\right\}$$

$$= -e^{xt}\frac{d}{dt}\left\{\frac{1}{2x}e^{-|xt|}\right\}$$

$$= \begin{cases} -e^{xt}\dfrac{d}{dt}\left\{\dfrac{1}{2x}e^{-xt}\right\} = \dfrac{1}{2} & \text{für } t>0, \\ -e^{xt}\dfrac{d}{dt}\left\{\dfrac{1}{2x}e^{xt}\right\} = -\dfrac{1}{2}e^{2xt} & \text{für } t<0. \end{cases}$$

Beide Resultate zusammenfassend erhalten wir wie behauptet

$$\frac{1}{2\pi i}\overset{*}{\int_{x-i\infty}^{x+i\infty}}\frac{1}{z}e^{zt}dz = \begin{cases} 1 & \text{für } t>0, \\ 0 & \text{für } t<0, \end{cases}$$

wobei wir darauf verzichten wollen, die rein formal durchgeführte Rechnung für das zweite Teilintegral in Hinblick auf die Vertauschbarkeit der einzelnen Grenzwertprozesse zu präzisieren; die Details sind etwas technisch und für das prinzipielle Verständnis unerheblich.

Zu Aufgabe 3.5.6

Mit den Identifizierungen $n=2$, $a_0=-1$, $a_1=0$, $a_2=1$, $f_0^{(0)}=1$, $f_0^{(1)}=0$ ergibt sich nach Anwendung der Laplace-Transformation gemäß Satz 3.5.3 für die Laplace-Transformierte $f^{\sim}$,

$$f^{\sim}(z) = \frac{z+\dfrac{1}{z^2}}{z^2-1} = \frac{z^3+1}{(z^2-1)z^2},$$

wobei wir zur Transformation der Inhomogenität $g(t) := t$ wieder auf Satz 3.2.10 zurückgegriffen haben. Wegen

$$p(z) = (z^2-1)z^2 = (z+1)(z-1)z^2$$

3.6 Lösungshinweise zu den Übungsaufgaben

ergibt sich aus

$$f^\sim(z) = \frac{z^3 + 1}{(z+1)(z-1)z^2}$$

mit dem Ansatz

$$f^\sim(z) = \frac{A}{z+1} + \frac{B}{z-1} + \frac{C}{z} + \frac{D}{z^2}$$

die Partialbruchzerlegung

$$f^\sim(z) = \frac{1}{z-1} - \frac{1}{z^2} \;.$$

Gliedweise Inversion führt hier auf

$$f(t) = e^t - t \;, \quad t \geq 0 \;,$$

was man wieder leicht anhand einer Probe bestätigt.

Kapitel 4

Anwendungen der Fourier-Analysis

4.1 Einleitung

In diesem letzten Kapitel des Buches soll anhand zweier ausgewählter Beispiele ein Eindruck über die Einsatzmöglichkeiten und Anwendungen der Fourier-Analysis in Industrie und Technik vermittelt werden. Obwohl in gewissen Bereichen inzwischen alternative mathematische Strategien entwickelt werden bzw. worden sind, um spezielle Anwendungsprobleme zu lösen (z.B. die schnelle Cosinus-Transformation statt der schnellen Fourier-Transformation; allgemeiner: rein reelle Transformationstechniken statt komplexwertiger; die Wavelet-Transformation statt der (gefensterten) Fourier-Transformation; fraktale Techniken zur Bildverarbeitung statt Fourier-Techniken; etc.) gehören die Ideen und Prinzipien der Fourier-Analysis nach wie vor zu den zentralen mathematischen Hilfsmitteln in den Ingenieurwissenschaften. Ohne Anspruch auf Vollständigkeit nennen wir folgende Gebiete: Signalverarbeitung, Bildverarbeitung, Filterdesign, Regelungstechnik, Übertragungstechnik, Schaltkreisentwurf, Elektrodynamik, Optik, Akustik, Statistik, Quantenphysik, Geophysik, Astrophysik, etc. Da es ausgeschlossen ist, alle diese Anwendungsgebiete im Rahmen eines Kapitels angemessen darzustellen, haben wir uns auf zwei Anwendungsbeispiele konzentriert, eine Anwendung aus dem Analog-, die andere aus dem Digital-Bereich.

Konkret diskutieren wir in Abschnitt 4.2 die Anwendung der Fourier-Analysis in der analogen Regelungstechnik. Wir werden zunächst auf möglichst direktem Wege ein Grundverständnis dessen vermitteln, was man allgemein unter "Regeln" ("Systemkontrolle") – speziell in der Elektrotechnik – versteht, und anschließend aufzeigen, wieso Laplace- und Fourier-Transformationstechniken eine systematische Analyse des Verhaltens von Regelkreisen erleichtern bzw. in gewisser Hinsicht überhaupt erst möglich machen.

4.1 Einleitung

In Abschnitt 4.3 wenden wir uns dann einer Anwendung der Fourier-Analysis im Digital-Bereich zu, genauer, der digitalen Signalverarbeitung. In diesem Kontext geht es zunächst darum, analog vorliegende Information durch Abtastung, Quantisierung und Codierung in einen Binär-Code mit endlich vielen Zuständen zu überführen und gleichzeitig Sorge dafür zu tragen, daß mit der Digitalisierung kein signifikanter Informationsverlust einhergeht. Letzteres bedeutet konkret, daß man durch Zugriff auf den Binär-Code in der Lage sein muß, die primär analog vorliegende Information im wesentlichen exakt zu rekonstruieren. Beim Nachweis dieser Rekonstruierbarkeit wird sich vom theoretischen Standpunkt her das Whittaker-Shannon-Kotelnikov-Abtasttheorem als zentrales Hilfsmittel herausstellen.

4.2 RCL-Netzwerke in der analogen Regelungstechnik – Kontinuierliche Transformationskonzepte –

Wir präzisieren zunächst, was wir unter "Regelungstechnik" bzw. allgemein unter dem Begriff "Regeln" verstehen wollen. In Anlehnung an gängige Definitionen (vgl. [7] und [18]) möge "Regeln" bedeuten, daß eine oder mehrere Größen (Regelgrößen) so beeinflußt werden, daß sie – auch bei äußeren Störungen (Störgrößen) – mit einem oder mehreren vorgegebenen Werten (Führungsgrößen, Sollwerte) möglichst genau übereinstimmen. Bei Änderung ein oder mehrerer Führungsgrößen sollen die neuen Führungsgrößen bzw. bei Störungen die Werte der ursprünglichen Führungsgrößen

- so schnell,
- so genau,
- so gut gedämpft

wie möglich von den Regelgrößen angenommen bzw. wieder erhalten werden, wobei die Größe der Regeldifferenz (Regelabweichung), also der Unterschied zwischen vorgegebenen und tatsächlichen Werten, zur Beeinflussung der Regelgrößen verwendet wird. Der Wirkungsablauf dieser Regelung geht in einem geschlossenen Wirkungskreis (Regelkreis) vor sich, wobei die Wirkung auch nur eine Richtung hat, die nicht umkehrbar ist. Die Regelgrößen wirken dabei stets über Gegenkopplung oder Rückführung in der Kreisstruktur des Regelkreises auf sich selbst korrigierend zurück.

Nach dieser allgemeinen Definition stellen sich natürlich folgende Fragen:

1. Wie sehen in der Elektrotechnik konkret Regelkreise aus?

2. Wie kann man ihr Verhalten mathematisch beschreiben?

Wir wenden uns zunächst der ersten Frage zu und geben ein Beispiel für einen einfachen geschlossenen Regelkreis in der Elektrotechnik an.

Es ist bekannt, daß der Arbeitspunkt eines Transistors bedingt durch rein thermische Effekte instabil ist. Konkret bedeutet dies, daß ein im Arbeitspunkt angesteuerter Transistor seine Verlustleistung in Wärme umsetzt, was seine Leitfähigkeit erhöht und Basis- und Kollektorstrom steigen läßt. Daraufhin erhöht sich erneut seine Verlustleistung, er wird noch wärmer, seine Leitfähigkeit nimmt zu und so fort. Um diesem unvermeidbaren Prozeß zu begegnen, wird zur "Gegenkopplung" ein Emitterwiderstand eingebracht, der nun folgenden einfachen Regelkreis determiniert:

4.2 RCL-Netzwerke in der analogen Regelungstechnik

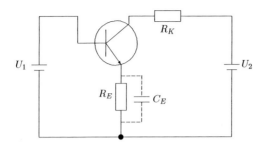

Abbildung 4.1: Skizze einer gegengekoppelten npn-Transistorschaltung

Die Regelgröße U_E (Spannungsabfall am Emitterwiderstand R_E) sollte mit der Führungsgröße U_{opt}, die den Arbeitspunkt und die optimalen Ruheströme des Transistors gewährleistet, übereinstimmen. Durch die bereits erwähnten thermischen Effekte (Störgrößen) erhöht sich die Leitfähigkeit des Transistors, was einen Anstieg der Emitterwiderstandsspannung U_E, also eine Regelabweichung $U_{\text{opt}} - U_E$ zur Folge hat. Aufgrund der Spannungsbilanz im Basis-Emitter-Kreis $U_1 = U_{\text{BE}} + U_E$ (U_{BE} bezeichnet die Basis-Emitter-Spannung) hat das Anwachsen von U_E notwendigerweise ein Sinken der Basis-Emitter-Spannung U_{BE} zur Folge, d.h. der Transistor steuert weniger durch und wirkt so der Regelabweichung entgegen. Die Regelgröße U_E wirkt also – wie bei der formalen Definition eines Regelkreises gefordert – über Gegenkopplung auf sich selbst korrigierend zurück.

Der Effekt der Gegenkopplung, der ja die verstärkende Eigenschaft des Transistors unterdrückt, ist natürlich unerwünscht, wenn der Transistor angesteuert wird. Aus diesem Grunde schaltet man im einfachsten Fall parallel zum Emitterwiderstand R_E einen Kondensator C_E (in Abb. 4.1 gestrichelt angedeutet), der hochfrequente Signal-Wechselströme ungehindert passieren läßt, nicht aber langsame Gleichstromänderungen durch Wärmeschwankungen. Die Gegenkopplung ist also – wie gewünscht – nur für Gleichstrom wirksam; hochfrequente Wechselstrom-Signale werden jedoch verstärkt. Mit dieser Schaltung haben wir eine erste prinzipielle Realisierung eines sogenannten PD-Reglers kennengelernt, d.h. eines Reglers mit stationär linearem (proportionalem) Verhalten mit verzögerter Gegenkopplung (man sagt auch: mit Vorhalt). Die Verzögerung läßt sich so deuten, daß z.B. bei Erhöhung der Eingangsspannung U_1 der Kondensator zunächst kurzfristig wie ein Kurzschluß wirkt; Kollektor-Emitter-Strom steigt, und der Transistor arbeitet als Verstärker. Hat sich der Kondensator C_E jedoch nach einer gewissen Zeit aufgeladen, dann determiniert der ohmsche Widerstand R_E primär den Widerstand im

Emitterkreis. Gegenkopplung entsteht, und der Verstärkung wird entgegengewirkt. Der Effekt der Gegenkopplung tritt also durch den parallel geschalteten Kondensator erst mit einer gewissen Verzögerung ein.
Bereits die oben diskutierte unvollkommene Realisierung eines PD-Reglers macht deutlich, daß sein Verhalten im wesentlichen durch die Gegenkopplungsbauteile determiniert wird. Eine genaue Analyse des Übertragungsverhaltens der passiven Gegenkopplungselemente läßt also – unter gewissen idealisierenden Annahmen – vollständig auf das Übertragungsverhalten des Reglers schließen.
Abschließend sei erwähnt, daß die in der Elektrotechnik gängigen Regler i. allg. durch eine geeignete Beschaltung eines (idealen) Operationsverstärkers mit passiven Elementen realisiert werden. Durch Analyse der jeweils verwendeten Eingangs- und Rückkopplungsnetzwerke (meist gegenkoppelnd) kann man dann – wie oben – vollständig auf die Übertragungseigenschaften des Reglers schließen (vgl. z. B. [18], S. 83 ff., S. 148 ff.). Insbesondere läßt sich der hier andiskutierte PD-Regler (mit Proportionalbeiwert 1) dadurch realisieren, daß ein (idealer) Operationsverstärker mit einem sogenannten PT_1-Gegenkopplungsglied beschaltet wird (siehe Abb. 4.2).

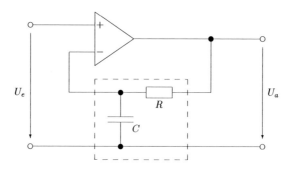

Abbildung 4.2: Skizze eines PD-Reglers mit PT_1-Gegenkopplungsglied (gestrichelt)

Das in der obigen Skizze gestrichelt angedeutete PT_1-Glied, welches auch Verzögerungsglied erster Ordnung genannt wird, gehört zur Klasse der sogenannten RC-Glieder, da es lediglich aus den passiven Bauelementen ohmscher Widerstand (R) und Kapazität (C) zusammengesetzt ist. Allgemein versteht man unter den RCL-Gliedern jede beliebige Komposition ohmscher, kapazitiver oder induktiver Widerstände, wobei die induktiven Widerstände bekanntlich durch Spulen realisiert werden. Wir wollen aber im folgenden nicht ein allgemeines, nicht näher spezifiziertes RCL-Glied analysieren, sondern uns konkret auf das den PD-Regler determi-

4.2 RCL-Netzwerke in der analogen Regelungstechnik

nierende PT_1-Glied und seine Übertragungseigenschaften konzentrieren. Das prinzipielle Vorgehen bei jedem anderen passiven RCL-Übertragungsglied ist natürlich entsprechend.

Wir haben also das folgende RC-Glied (PT_1-Glied) gegeben:

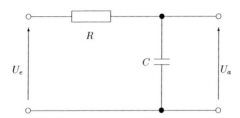

Abbildung 4.3: Skizze eines RC-Verzögerungsglieds erster Ordnung (PT_1-Glied)

Die Aufgabe besteht nun darin, für jede beliebige zeitabhängige Eingangsspannung $U_e(t)$, $t \geq 0$, die Ausgangsspannung $U_a(t)$ vorherzusagen und so Aussagen über das stationäre und dynamische Verhalten des RC-Glieds zu machen. In einem ersten Schritt bestimmen wir die Differentialgleichung des Netzwerks. Wegen

$$C = \frac{Q(t)}{U_a(t)} \quad \text{bzw.} \quad Q(t) = CU_a(t) \quad ,$$

wobei $Q(t)$ die zum Zeitpunkt t vorhandene Kondensatorladung ist, ergibt sich nach Differentiation

$$I(t) = \dot{Q}(t) = C\dot{U}_a(t) \quad , \quad t \geq 0 \quad .$$

Hier bezeichnet $I(t)$ den fließenden Strom sowie "$\cdot$" die Ableitung nach der Zeit. Nimmt man an, daß der Ausgangswiderstand nahezu unendlich groß ist und somit über den Kondensator und den ohmschen Widerstand derselbe Strom fließt, so ergibt die Kirchhoffsche Maschenregel die Spannungsbilanz

$$RI(t) + U_a(t) = U_e(t) \quad , \quad t \geq 0 \quad ,$$

also die Differentialgleichung

$$RC\dot{U}_a(t) + U_a(t) = U_e(t) \quad , \quad t \geq 0 \quad .$$

Wendet man nun auf die obige Differentialgleichung die Laplace-Transformation an, so erhalten wir mit $\alpha \in \mathbb{R}$ geeignet:

$$RC(\dot{U}_a)^\sim(z) + U_a^\sim(z) = U_e^\sim(z) \quad , \quad z \in \mathbb{C}_\alpha \ .$$

Mit der Anfangsbedingung $U_a(0) = 0$ ergibt sich daraus mit Satz 3.5.1

$$RCz U_a^\sim(z) + U_a^\sim(z) = U_e^\sim(z) \quad , \quad z \in \mathbb{C}_\alpha \ ,$$

bzw.

$$U_a^\sim(z) = \frac{1}{1 + RCz} U_e^\sim(z) \quad , \quad z \in \mathbb{C}_\alpha \ .$$

Die oben als Faktor auftauchende Funktion G,

$$G(z) := \frac{1}{1 + RCz} \quad , \quad z \in \mathbb{C}_\alpha \ ,$$

wird Übertragungsfunktion des Netzwerks genannt. Die zugehörige inverse Laplace-Transformierte g, die gemäß Satz 3.2.10

$$g(t) = \frac{1}{RC} e^{-\frac{t}{RC}} \quad , \quad t \geq 0 \ ,$$

lautet, wird als Gewichtsfunktion des Netzwerks bezeichnet. Schließlich ergibt sich aus der Identität

$$U_a^\sim(z) = G(z) U_e^\sim(z) = g^\sim(z) U_e^\sim(z) \quad , \quad z \in \mathbb{C}_\alpha \ ,$$

mit Hilfe der Laplace-Inversion sowie dem Faltungssatz 3.2.8 für die Laplace-Transformation:

$$\begin{aligned} U_a(t) &= (g * U_e)(t) = \int_0^t g(t-\tau) U_e(\tau) d\tau \\ &= \int_0^t g(\tau) U_e(t-\tau) d\tau = \int_0^t \frac{1}{RC} e^{-\frac{\tau}{RC}} U_e(t-\tau) d\tau \quad , \quad t \geq 0 \ . \end{aligned}$$

Mit dem obigen Faltungsintegral, welches auch Duhamelsches Integral genannt wird, ist die Analyse des Übertragungsverhaltens des PT_1-Glieds im Prinzip vollständig gelöst, da man für jedes Eingangssignal U_e über das Faltungsintegral bei Kenntnis der Gewichtsfunktion g den Netzausgang U_a berechnen kann. Die Frage, die sich nun natürlich stellt, lautet: Wie kann man für ein zu analysierendes RCL-Glied – hier für das PT_1-Glied – rein meßtechnisch auf die alles determinierende Gewichtsfunktion g schließen? Mit Blick auf das hergeleitete Faltungsintegral läßt sich dies – abgesehen von praktischen Realisierungsproblemen – zunächst auf mehrere Arten bewerkstelligen:

1. Regt man das Netzwerk am Eingang mit der sogenannten Diracschen δ-Funktion an (Impulseingang, $U_e = \delta$), so antwortet das System unter Ausnutzung entsprechender Rechenregeln für den Umgang mit der δ-Funktion am Ausgang mit der Gewichtsfunktion g.

4.2 RCL-Netzwerke in der analogen Regelungstechnik

2. Regt man das Netzwerk am Eingang mit der Sprungfunktion 1 ($1(t) := 0$, $t < 0$; $1(t) := 1$, $t \geq 0$) an (Sprungeingang, $U_e = 1$), so antwortet das System am Ausgang mit einer Stammfunktion der Gewichtsfunktion g, der sogenannten Übergangsfunktion h,

$$h(t) := \int_o^t g(\tau)d\tau = 1 - e^{-\frac{t}{RC}} \ , \ t \geq 0 \ .$$

Nach (numerischer) Differentiation von h hat man damit auch hier Zugriff auf die gesuchte Gewichtsfunktion g.

3. Regt man das Netzwerk am Eingang harmonisch an (harmonischer Eingang, $U_e(t) = e^{i\omega t}$, $t \geq 0$), so antwortet das System im sogenannten eingeschwungenen Zustand $t \gg 0$ wegen

$$\int_t^\infty |g(\tau)| \, d\tau \ll 1 \ \text{für } t \gg 0$$

am Ausgang näherungsweise mit

$$\begin{aligned} U_a(t) &= \int_o^t g(\tau) e^{i\omega(t-\tau)} \, d\tau \\ &\approx \int_o^\infty g(\tau) e^{i\omega(t-\tau)} \, d\tau \qquad (t \gg 0) \\ &= \left(\int_o^\infty g(\tau) e^{-i\omega\tau} \, d\tau \right) e^{i\omega t} \\ &= G(i\omega) e^{i\omega t} \\ &= \frac{1}{1 + RCi\omega} e^{i\omega t} \ , \end{aligned}$$

wobei die letzten beiden Identitäten aus

$$G(z) = g^\sim(z) = \int_o^\infty g(\tau) e^{-z\tau} d\tau = \frac{1}{1 + RCz}$$

für $z = i\omega$ folgen. Die oben implizit definierte Funktion F,

$$F(\omega) := G(i\omega) = \int_o^\infty g(\tau) e^{-i\omega\tau} d\tau = \frac{1}{1 + RCi\omega} \ ,$$

wird Frequenzgang des Netzwerks genannt und läßt sich mit $g(\tau) := 0$ für $\tau < 0$ im vorliegenden Fall formal als Fourier-Transformierte von g deuten:

$$F(\omega) = g^\wedge(\omega) = \int\limits_{-\infty}^{\infty} g(\tau)e^{-i\omega\tau}d\tau \ .$$

Der Frequenzgang ist i. allg. eine komplexwertige Funktion, die aufgrund des Zusammenhangs

$$U_a(t) \approx F(\omega)e^{i\omega t} \ , \quad t \gg 0 \ ,$$

mit $|F(\omega)|$ sowohl die Amplitudenveränderung des Ausgangs gegenüber dem harmonischen Eingangssignal angibt, als auch über

$$\arctan \frac{\operatorname{Im}(F(\omega))}{\operatorname{Re}(F(\omega))}$$

auf die Phasenverschiebung zwischen Eingangs- und Ausgangssignal im eingeschwungenen Zustand schließen läßt.

Wir haben nun im Prinzip drei verschiedene Möglichkeiten aufgezeigt, ein Netzwerk durch Anregung mit einem Referenzeingang und Messung des entsprechenden Ausgangs vollständig zu analysieren. Dabei sind natürlich die ersten beiden Möglichkeiten aufgrund der Schwierigkeit der praktischen Realisierung von Impuls (δ)- bzw. Sprung (1)-Eingang kaum anwendbar. Der dritten aufgezeigten Möglichkeit, d. h. der Aufnahme des Frequenzgangs eines Netzwerks, kommt dagegen praktisch die zentrale Bedeutung zu. Der für verschiedene $\omega \geq 0$ bestimmte Frequenzgang $F(\omega)$ wird dabei entweder in sogenannten Ortskurvendiagrammen in der komplexen Ebene oder in Bode-Diagrammen getrennt nach Betrag und Phase von $F(\omega)$ in logarithmischem Maßstab auftragen. Dabei kann der geübte Anwender bereits anhand dieser Diagramme sowie gewisser Stabilitätskriterien (speziell: Nyquist-Kriterium) auf das qualitative Übertragungsverhalten des Netzwerks schließen (vgl. z.B. [18], S. 158 ff.). Als Beispiel skizzieren wir die Ortskurve des PT_1-Glieds, die sich wegen

$$F(\omega) = \frac{1}{1 + RCi\omega} = \frac{1}{1 + (RC\omega)^2} - i\frac{RC\omega}{1 + (RC\omega)^2} \ ,$$

also

$$\operatorname{Re}(F(\omega)) = \frac{1}{1 + (RC\omega)^2} \quad \text{und} \quad \operatorname{Im}(F(\omega)) = -\frac{RC\omega}{1 + (RC\omega)^2} \ ,$$

ergibt zu:

4.2 RCL-Netzwerke in der analogen Regelungstechnik

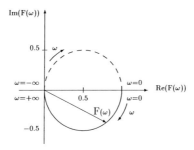

Abbildung 4.4: Skizze der Ortskurve des Frequenzgangs des PT_1-Glieds

Die ausgezeichnete Bedeutung des Frequenzgangs F besteht also – um es nochmals zu betonen – einerseits darin, daß man – wie bei der Übertragungsfunktion G – via

$$U_a^\sim(i\omega) = F(\omega)U_e^\sim(i\omega)$$

eine Aussage über das Übertragungsverhalten des Netzwerks im Bild- oder Frequenzbereich erhält. Andererseits läßt sich mit Hilfe des Frequenzgangs aber auch unter gewissen Voraussetzungen im Original- oder Zeitbereich mittels

$$U_a(t) \approx F(\omega)e^{i\omega t} \quad , \quad t \gg 0 \quad ,$$

auf das eingeschwungene dynamische Übertragungsverhalten bei harmonischer bzw. allgemeiner – nach Vorschalten einer <u>harmonischen Analyse</u> des Eingangs – bei <u>periodischer Anregung</u> schließen. In diesem Sinne kommt natürlich dann auch der <u>Fourier-Transformation</u> für die <u>Praxis</u> eine wesentlich größere Bedeutung zu, als es zunächst im Vergleich zur Dominanz der Laplace-Transformation den Anschein hat. Ist man nämlich nach Aufnahme des Frequenzgangs F explizit an der Gewichtsfunktion g des Netzwerks interessiert, so hat man zunächst rein formal die Funktion g über die <u>Fourier-Inversionsformel</u> aus F zu rekonstruieren,

$$g(t) = \frac{1}{2\pi} \int_{-\infty}^{\infty} F(\omega)e^{i\omega t} d\omega \quad ,$$

also im wesentlichen wieder eine Fourier-Transformation, jetzt vom Frequenz- zurück in den Zeitbereich, durchzuführen. Da der Frequenzgang F aber in der Regel nicht als geschlossene Funktion von ω gegeben ist, gilt es im allgemeinen, das Inversionsintegral mit numerischen Strategien basierend auf der nur unvollkommenen Kenntnis von F näherungsweise zu berechnen. Wir verzichten auf weitere Details und verweisen z. B. auf [18], S. 370 ff..

Abschließend sei noch einmal ausdrücklich darauf hingewiesen, daß wir uns – speziell bei der Diskussion des Frequenzgangs – auf sogenannte stabile Netzwerke mit stetiger Sprungantwort – wie z.B. das PT_1-Glied – beschränkt haben. Für beliebige Systeme ist der Frequenzgang zwar immer noch formal als Restriktion der Übertragungsfunktion auf die imaginäre Achse erklärbar, seine Darstellung als Fourier-Transformierte der Gewichtsfunktion sowie seine meßtechnische Interpretierbarkeit bei harmonischer oder – allgemeiner – bei periodischer Anregung im eingeschwungenen Zustand gehen jedoch in der Regel verloren (vgl. z.B. [7], S. 113, bzgl. weiterer Details).

4.2.1 Aufgabe

Berechnen Sie die Übertragungsfunktion, die Gewichtsfunktion, die Übergangsfunktion sowie den Frequenzgang des unten skizzierten RC-Glieds.

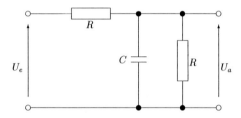

Abbildung 4.5: Skizze des RC-Glieds zur Aufgabe

4.3 Digitale Signalverarbeitung in der Nachrichtentechnik − Quantisierte Transformationskonzepte −

Die Idee der digitalen Signalverarbeitung besteht darin, ein zunächst analog vorliegendes Signal mit zeitlich kontinuierlich variierendem Verlauf durch Abtastung, Quantisierung und Codierung in einen Code mit endlich vielen, leicht weiterverarbeitbaren Zuständen zu überführen, ohne daß damit ein signifikanter Informationsverlust einhergeht. Dies ist − zumindest theoretisch sowie bei Vernachlässigung der Quantisierungsfehler (s.u.) − nach dem Whittaker-Shannon-Kotelnikov-Abtasttheorem möglich, wenn die Primärinformation bandbegrenzt ist, d.h. lediglich Frequenzen bis zu einer gewissen Höchstfrequenz W enthält. Da dies im allgemeinen a priori nicht der Fall ist, gilt es zunächst durch einen (idealen) Tiefpaßfilter sicherzustellen, daß die zu verarbeitende Information bandbegrenzt wird. Der dadurch verursachte Informationsverlust ist i.a. tolerabel oder sogar erwünscht, da vielfach eine natürliche Bandbegrenztheit gegeben ist (z.B. menschliches Gehör bis 20 kHz) oder lediglich Störungen "weggefiltert" werden müssen.

Ein (idealer) Tiefpaßfilter ist ein passives (RCL-Glied) oder aktives (Operationsverstärker) elektrisches Bauteil mit idealem Frequenzgang F_W,

$$F_W(\omega) := \begin{cases} 1 & \text{für } |\omega| \leq W \ , \\ 0 & \text{für } |\omega| > W \ . \end{cases}$$

Aufgrund der Übertragungsgleichung

$$U_a^\sim(i\omega) = F_W(\omega) U_e^\sim(i\omega)$$

im Bildbereich bzw. − wegen

$$U_a(t) = 0 = U_e(t)$$

für $t < 0$ − in Fourier-Terminologie

$$U_a^\wedge(\omega) = F_W(\omega) U_e^\wedge(\omega) \ ,$$

schneidet der ideale Tiefpaßfilter alle Frequenzen größer als $|W|$ aus dem Eingangssignal heraus,

$$U_a^\wedge(\omega) = \begin{cases} U_e^\wedge(\omega) & \text{für } |\omega| \leq W \ , \\ 0 & \text{für } |\omega| > W \ . \end{cases}$$

Die zugehörige Gewichtsfunktion g_W des idealen Tiefpaßfilters berechnet sich mit der Fourier-Inversionsformel aus dem Frequenzgang zu

$$\begin{aligned} g_W(t) &= \frac{1}{2\pi} \int_{-\infty}^{\infty} F_W(\omega) e^{i\omega t} d\omega \\ &= \frac{1}{2\pi} \int_{-W}^{W} e^{i\omega t} d\omega \\ &= \frac{1}{2\pi i t} \left[e^{iWt} - e^{-iWt} \right] \\ &= \frac{1}{\pi t} \sin(Wt) \\ &= \frac{W}{\pi} \operatorname{sinc}(Wt) \ , \end{aligned}$$

wobei "sinc" wieder die in Definition 2.5.5 eingeführte "sinus cardinalis"-Funktion ist. Mit dem Faltungssatz 2.2.3 für die Fourier-Transformation erhalten wir somit im Zeitbereich folgende vollständige Beschreibung des Übertragungsverhaltens eines idealen Tiefpaßfilters:

$$U_a(t) = (g_W * U_e)(t) = \int_{-\infty}^{\infty} \frac{W}{\pi} \operatorname{sinc}(W(t-\tau)) U_e(\tau) d\tau \ .$$

Wir weisen darauf hin, daß wir mit dem in Abschnitt 4.2 diskutierten PT_1-Glied bereits eine erste unvollkommene Realisierung eines Tiefpaßfilters kennengelernt haben. Der Frequenzgang des PT_1-Glieds, den wir zu

$$F_{PT_1}(\omega) = \frac{1}{1 + RCi\omega}$$

berechnet hatten, ergibt nämlich für betragsmäßig kleine ω ungefähr 1 und geht für betragsmäßig große ω gegen Null. Ideale Tiefpaßfilter mit wohldefinierter Abschnittfrequenz W oder – besser gesagt – akzeptable Näherungen dieses Ideals realisiert man in der Praxis entweder durch aufwendige passive RCL-Netzwerke oder aber – wie bereits angedeutet – durch aktive Operationsverstärkerschaltungen.

Nach diesem kleinen Abstecher in die Theorie idealer Filter kehren wir nun zu unserem eigentlichen Problem, nämlich der digitalen Signalverarbeitung, zurück. Wir gehen im folgenden – wie in dieser Theorie allgemein üblich – wieder von einem auf ganz $I\!R$ definierten Signal aus und kürzen es mit f (und nicht mit U_e) ab. Es sei also $f : I\!R \to I\!R$ ein o.B.d.A. reellwertiges analoges Signal mit $f \in L_1(I\!R) \cap C(I\!R)$ und einer Fourier-Transformierten $f^\wedge$ mit vernachlässigbarem oder unerwünschtem Beitrag für $|\omega| > W$.

4.3 Digitale Signalverarbeitung in der Nachrichtentechnik

Wir werden nun in insgesamt fünf Schritten aufzeigen, wie man aus dem Primärsignal f zu einem Binär-Code kommt, aus dem man dann f ohne signifikanten Informationsverlust rekonstruieren kann. Dabei dienen die ersten drei Schritte der Codierung, die letzten beiden der Decodierung. Um etwas Konkretes vor Augen zu haben, denke man z. B. bei f an Sprache und deren Übertragung mittels digitaler Telefonnetze oder an Musik und deren Speicherung auf und Reproduzierbarkeit von sogenannten Compact-Disks (CDs).

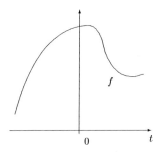

Abbildung 4.6: Skizze des Primärsignals f

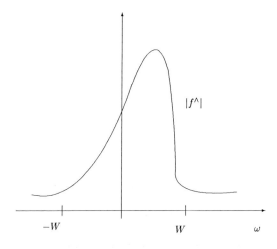

Abbildung 4.7: Skizze des Fourier-transformierten Signals $|f^\wedge|$

1. Schritt: Filterung des Primärsignals

Um vernachlässigbare oder hochfrequente (Stör-) Anteile aus dem Primärsignal zu eliminieren, durchläuft f einen idealen Tiefpaßfilter und geht über in f_F,

$$f_F(t) := (g_W * f)(t) = \int_{-\infty}^{\infty} \frac{W}{\pi} \operatorname{sinc}(W(t-\tau)) f(\tau) d\tau \ .$$

Das gefilterte Signal f_F ist dann bandbegrenzt auf $[-W, W]$, d. h.

$$f_F^\wedge(\omega) = \begin{cases} f^\wedge(\omega) & \text{für } |\omega| \leq W \ , \\ 0 & \text{für } |\omega| > W \ , \end{cases}$$

und hat unterhalb der "Cutoff"-Frequenz W dasselbe Spektrum wie das Primärsignal f. Desweiteren darf man davon ausgehen, daß f durch das gefilterte Signal f_F hinreichend genau wiedergegeben wird, da die weggefilterten Anteile a priori unerwünscht oder nicht relevant waren.

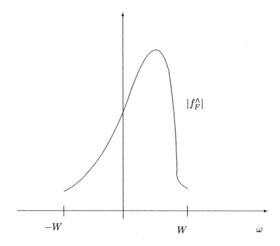

Abbildung 4.8: Skizze des Fourier-transformierten gefilterten Signals $|f_F^\wedge|$

4.3 Digitale Signalverarbeitung in der Nachrichtentechnik

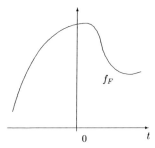

Abbildung 4.9: Skizze des gefilterten Primärsignals f_F

2. Schritt: "Sample and Hold"-Signal (kurz: SH-Signal) der Filterung

Um vom analogen gefilterten Signal f_F zu einer ersten Diskretisierung zu kommen, wird f_F alle $\frac{\pi}{W}$ Zeiteinheiten abgetastet (sample) und über die Zeitspanne bis zur nächsten Abtastung konstant auf dem Abtastwert gehalten (hold). Mit den charakteristischen Funktionen $\chi_{[\frac{k\pi}{W}, \frac{(k+1)\pi}{W})}$,

$$\chi_{[\frac{k\pi}{W}, \frac{(k+1)\pi}{W})}(t) := \begin{cases} 1 & \text{für } t \in \left[\frac{k\pi}{W}, \frac{(k+1)\pi}{W}\right) \\ 0 & \text{für } t \notin \left[\frac{k\pi}{W}, \frac{(k+1)\pi}{W}\right) \end{cases} \quad , \quad k \in \mathbb{Z} \quad ,$$

läßt sich dieser Prozeß mathematisch als Übergang von f_F zu der stückweise konstanten Funktion ("Treppenfunktion") $f_{F,SH}$ beschreiben, wobei

$$f_{F,SH}(t) := \sum_{k=-\infty}^{\infty} f_F\left(\frac{k\pi}{W}\right) \chi_{[\frac{k\pi}{W}, \frac{(k+1)\pi}{W})}(t) \quad .$$

Es ist klar, daß der Abtasttakt von $\frac{\pi}{W}$ Zeiteinheiten gerade so gewählt wurde, daß er – via Whittaker-Shannon-Kotelnikov-Abtasttheorem – mit der Bandbegrenzung von f_F auf $[-W, W]$ korrespondiert. Technisch wird das "Sample and Hold"-Glied als Schalter realisiert, der alle $\frac{\pi}{W}$ Zeiteinheiten den (Spannungs-) Wert $f(\frac{k\pi}{W})$ abgreift und einen Kondensator auflädt, der diese Spannung über die Taktzeit permanent hält. In Hinblick auf das Abtasttheorem ist die Abtastung von f_F plausibel, die Permanenthaltung des Abtast(spannungs)werts über die Taktzeit jedoch scheinbar überflüssig. Letzteres macht nur Sinn vor dem Hintergrund der Quantisierung und Codierung, die im folgenden erläutert werden sollen.

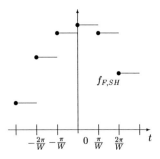

Abbildung 4.10: Skizze des SH-Signals $f_{F,SH}$

3. Schritt: Quantisierung und Codierung des SH-Signals

Die abgetasteten Werte $f_F(\frac{k\pi}{W})$, $k \in \mathbb{Z}$, aus denen das SH-Signal zusammengesetzt ist, entziehen sich immer noch einer effizienten Abspeicherung, da sie im Prinzip aus einer unendlich großen Wertemenge kommen können; setzt man nämlich

$$R := \sup_{t \in \mathbb{R}} |f_F(t)| < \infty ,$$

so sind a priori alle Werte $\xi \in [-R, R]$ für einen konkreten Abtastwert $f_F(\frac{k\pi}{W})$ möglich. Um diese speichertechnisch nicht effizient handhabbare Vielfalt zu reduzieren, geht man – ähnlich wie bei den Maschinenzahlen eines Computers – so vor, daß man sich auf eine endliche Anzahl von relevanten Zahlen beschränkt, konkret:

Es sei $\xi \in [-R, R)$ beliebig gegeben und $n \in \mathbb{N}$ eine feste natürliche Zahl. Dann existiert genau ein

$$j \in \{0, 1, 2, \ldots, 2^n - 1\} ,$$

so daß

$$\xi \in [R(-1 + 2j2^{-n}) , R(-1 + 2(j+1)2^{-n}))$$

gilt. Man ordnet nun ξ seinen zugehörigen (R, n)-Quantisierungswert $[\xi]_Q$ nach folgender Vorschrift zu:

$$[\xi]_Q := \begin{cases} R(-1 + 2j2^{-n}) & \text{für } \xi \in [R(-1 + 2j2^{-n}), R(-1 + (2j+1)2^{-n})) , \\ R(-1 + 2(j+1)2^{-n}) & \text{für } \xi \in [R(-1 + (2j+1)2^{-n}), R(-1 + 2(j+1)2^{-n})) \end{cases}.$$

Schließlich identifiziert man $[\xi]_Q$ noch mit genau demjenigen binär codierten Index $j \in \{0, 1, \ldots, 2^n - 1\}$, für den

$$[\xi]_Q = R(-1 + 2j2^{-n})$$

gilt und kommt somit zur Binär-Codierung der Quantisierung. Am besten läßt sich das Vorgehen an einem Beispiel veranschaulichen.

4.3 Digitale Signalverarbeitung in der Nachrichtentechnik

Beispiel: Es sei $R = 10$ und $n = 4$

(R, n)-Quantisierungswert	Binär-Code
-10.00	0 0 0 0
-8.75	0 0 0 1
-7.50	0 0 1 0
-6.25	0 0 1 1
-5.00	0 1 0 0
-3.75	0 1 0 1
-2.50	0 1 1 0
-1.25	0 1 1 1
0.00	1 0 0 0
1.25	1 0 0 1
2.50	1 0 1 0
3.75	1 0 1 1
5.00	1 1 0 0
6.25	1 1 0 1
7.50	1 1 1 0
8.75	1 1 1 1

Zum Beispiel ergibt sich für $\xi_1 = 3.358$ der (R,n)-Quantisierungswert

$$[3.358]_Q = 3.75$$

sowie der Binär-Code 1011 oder für $\xi_2 = -9.0278$ der (R,n)-Quantisierungswert

$$[-9.0278]_Q = -8.75$$

sowie der Binär-Code 0001. Man erkennt, daß für $\xi \in [9.375, 10]$ zwar der (R,n)-Quantisierungswert mit $[\xi]_Q = 10$ existiert, für diesen jedoch kein 4-stelliger (4 Bit, Bit $\sim$ binary digit) Binär-Code mehr verfügbar ist. Diesem Problem kann man dadurch begegnen, daß man das Werteintervall $[-R, R]$ a priori etwas größer als die zu erwartenden (Abtast-) Werte wählt; dann kommen die Intervallränder als (R, n)-Quantisierungswerte i.a. nicht vor und man hat kein Codierungsproblem.

4.3.1 Aufgabe

Es sei $R = 6$ sowie $n = 3$. Bestimmen Sie die Tabelle der (R, n)-Quantisierungswerte sowie die zugehörige 3-Bit-Binär-Codierung. Wie lauten (R, n)-Quantisierungswert und Binär-Code für $\xi_1 = -2.843$ und $\xi_2 = 0.728$?

Nach diesen Vorüberlegungen sind wir nun in der Lage, die Quantisierung und Codierung des SH-Signals $f_{F,SH}$ explizit vorzunehmen. Zunächst fixiert man mit $R \in {I\!\!R}, R > 0$, einen hinreichend großen Wertebereich $[-R, R]$, in dem die Abtastwerte

$$f_F\left(\frac{k\pi}{W}\right) \quad , \quad k \in {Z\!\!Z} \quad ,$$

liegen (eventuell etwas größer, um Randeffekte und Codierprobleme zu vermeiden). Dann wählt man in Abhängigkeit von der gewünschten Güte der Quantisierung ein im folgenden festes $n \in {I\!\!N}$ ($n = 14, 16$ oder 18 sind in der Praxis häufig anzutreffen), so daß man nun dem SH-Signal $f_{F,SH}$ das quantisierte Näherungssignal $f_{F,SH,Q}$,

$$f_{F,SH,Q}(t) := \sum_{k=-\infty}^{\infty} \left[f_F\left(\frac{k\pi}{W}\right)\right]_Q \chi_{[\frac{k\pi}{W}, \frac{(k+1)\pi}{W})}(t) \quad ,$$

zuordnen kann, wobei die (R,n)-Quantisierungswerte $[f_F(\frac{k\pi}{W})]_Q$, $k \in {Z\!\!Z}$, intern binär-codiert abgespeichert werden.

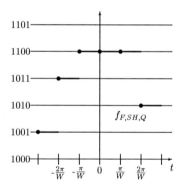

Abbildung 4.11: Skizze des quantisierten SH-Signals $f_{F,SH,Q}$

Man kann sich vorstellen, daß der Prozeß der Quantisierung und anschließenden Binär-Codierung in der elektrotechnischen Praxis nur mit einigem Aufwand zu realisieren ist. Grundsätzlich kann man dabei z. B. wie folgt vorgehen: In einem ersten Schritt wird festgestellt, ob die abgetastete Spannung kleiner als $-\frac{R}{2^n}$ ist oder nicht. Ist sie kleiner, so wird das führende Bit (most significant bit, MSB) auf 0 gesetzt, ansonsten auf 1. Gehen wir nun zur weiteren Erläuterung o.B.d.A. davon aus, daß das MSB auf 1 gesetzt wurde. Nun wird der Abtastwert mit $\frac{R}{2} - \frac{R}{2^n}$ verglichen; ist er kleiner als $\frac{R}{2} - \frac{R}{2^n}$, dann wird das zweite Bit (second significant bit, 2SB) auf 0 gesetzt, sonst auf 1. Gilt 2SB = 1, so wird der Abtastwert um $\frac{R}{2}$ erniedrigt

4.3 Digitale Signalverarbeitung in der Nachrichtentechnik 193

und mit $\frac{R}{4} - \frac{R}{2^n}$ verglichen, für 2SB = 0 geschieht der Vergleich mit $\frac{R}{4} - \frac{R}{2^n}$ ohne vorherige Subtraktion von $\frac{R}{2}$. So fortfahrend werden sukzessiv alle Bits gesetzt bis – durch Vergleich mit $\frac{R}{2^n}$ – auch das letzte Bit (least significant bit, LSB) mit 0 oder 1 belegt wird. Dieser Vergleichs- und Codierprozeß, der intern in einem sogenannten Successive-Approximation-Register (SAR) stattfindet, ist natürlich mit einem gewissen Zeitaufwand verbunden. Dies ist der eigentliche Grund dafür, daß über das Hold-Glied die Abtastwerte über die Taktzeit $\frac{\pi}{W}$ permanent gehalten werden und nicht lediglich abgetastet und sofort wieder "vergessen" werden.

4. Schritt: Dirac-Typ-Modifikation des quantisierten SH-Signals

Nachdem die Quantisierung und Codierung des SH-Signals stattgefunden hat, besteht keine Notwendigkeit mehr, die quantisierten Abtastwerte $[f(\frac{k\pi}{W})]_Q$, $k \in \mathbb{Z}$, weiterhin über ein Hold-Glied permanent zu halten. Desweiteren hat man sich natürlich nun dem Problem zu stellen, wie man aus den binär-codiert abgelegten quantisierten Abtastwerten das Primärsignal f (näherungsweise) zurückgewinnen kann oder – anders ausgedrückt – wie man das Whittaker-Shannon-Kotelnikov-Abtasttheorem elektrotechnisch realisieren kann. Dies geschieht in einem ersten Schritt dadurch, daß man vom quantisierten SH-Signal $f_{F,SH,Q}$ zu einer Dirac-Typ-Modifikation dieses Signals übergeht. Wählt man neben der bereits fixierten Zahl $n \in \mathbb{N}$ auch eine hinreichend große Zahl $m \in \mathbb{N}$ beliebig und fest, so ist die Dirac-Typ-Modifikation $f_{F,SH,Q,D}$ von $f_{F,SH,Q}$ definiert als

$$f_{F,SH,Q,D}(t) := \sum_{k=-\infty}^{\infty} \left[f_F\left(\frac{k\pi}{W}\right)\right]_Q 2^m \chi_{[\frac{k\pi}{W}, \frac{(k+2^{-m})\pi}{W})}(t) \ .$$

Mathematisch bedeutet dies, daß die Treppenstufen der Funktion $f_{F,SH,Q}$ von der Länge $\frac{\pi}{W}$ auf die Länge $2^{-m}\frac{\pi}{W}$ schrumpfen, ansonsten Null gesetzt werden und gleichzeitig die quantisierten Abtastwerte mit dem Faktor 2^m gestreckt werden. Elektrotechnisch realisierbar ist dieses Verhalten einfach durch Reduktion des Hold-Glieds (kürzeres Permanenthalten der quantisierten Abtastwerte) sowie durch eine Neuskalierung des Quantisierungsgitters, die jedoch keinen Einfluß auf die Binär-Codierung hat und damit ohne echten Aufwand verbunden ist.

5. Schritt: Decodierung durch erneute Filterung

Spätestens an dieser Stelle drängt sich natürlich die Frage auf, aus welchem Grund man im vierten Schritt eine Dirac-Typ-Modifikation des quantisierten SH-Signals vornehmen mußte. Die Antwort erschließt sich im folgenden, indem wir zeigen werden, daß die Dirac-Typ-Modifikation nach erneutem Durchlaufen eines idealen Tiefpaßfilters i.w. die Whittaker-Shannon-Kotelnikov-Abtastreihe ergibt, m.a.W.: Dirac-Typ-Modifikation und Tiefpaßfilter sind die elektrotechnische Realisierung des

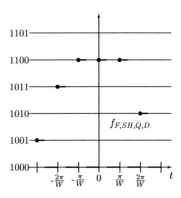

Abbildung 4.12: Skizze der Dirac-Typ-Modifikation $f_{F,SH,Q,D}$

Abtasttheorems. Um dies vom mathematischen Standpunkt aus einzusehen, definieren wir zunächst die gefilterte Dirac-Typ-Modifikation des quantisierten SH-Signals gemäß

$$f_{F,SH,Q,D,F}(t) := (g_W * f_{F,SH,Q,D})(t)$$

$$= \int_{-\infty}^{\infty} \frac{W}{\pi} \mathrm{sinc}(W(t-\tau)) \left(\sum_{k=-\infty}^{\infty} \left[f_F\left(\frac{k\pi}{W}\right) \right]_Q 2^m \chi_{[\frac{k\pi}{W}, \frac{(k+2^{-m})\pi}{W})}(\tau) \right) d\tau$$

$$= \sum_{k=-\infty}^{\infty} \left[f_F\left(\frac{k\pi}{W}\right) \right]_Q \frac{W}{\pi 2^{-m}} \int_{\frac{k\pi}{W}}^{\frac{k\pi}{W}+\frac{2^{-m}\pi}{W}} \mathrm{sinc}(W(t-\tau)) d\tau \quad .$$

Aufgrund des Hauptsatzes der Differential- und Integralrechnung gilt für eine stetige Funktion $g : I\!R \to I\!R$ für alle $x \in I\!R$

$$\lim_{h \to 0+} \frac{1}{h} \int_{x}^{x+h} g(\tau) d\tau = g(x) \quad .$$

Angewandt auf die vorliegende Situation bedeutet dies für alle $t \in I\!R$ und $k \in \mathbb{Z}$

$$\lim_{m \to \infty} \frac{W}{\pi 2^{-m}} \int_{\frac{k\pi}{W}}^{\frac{k\pi}{W}+\frac{2^{-m}\pi}{W}} \mathrm{sinc}(W(t-\tau)) d\tau = \mathrm{sinc}(Wt - k\pi) \quad .$$

Wählt man also – wie ja bereits gefordert – $m \in I\!N$ hinreichend groß, so gilt näherungsweise

$$f_{F,SH,Q,D,F}(t) \approx \sum_{k=-\infty}^{\infty} \left[f_F\left(\frac{k\pi}{W}\right) \right]_Q \mathrm{sinc}(Wt - k\pi) \quad .$$

4.3 Digitale Signalverarbeitung in der Nachrichtentechnik   195

Ist desweiteren auch der Quantisierungsfehler vernachlässigbar, d.h. $n \in {I\!\!N}$ hinreichend groß, dann folgt aus

$$\left[f_F\left(\frac{k\pi}{W}\right)\right]_Q \approx f_F\left(\frac{k\pi}{W}\right) \quad , \quad k \in {Z\!\!\!Z} \quad ,$$

auch

$$f_{F,SH,Q,D,F}(t) \approx \sum_{k=-\infty}^{\infty} f_F\left(\frac{k\pi}{W}\right) \text{sinc}(Wt - k\pi) \quad .$$

Auf die so entstandene Reihe ist aufgrund der Bandbegrenztheit von f_F nun das Whittaker-Shannon-Kotelnikov-Abtasttheorem 2.5.7 anwendbar und wir erhalten

$$f_{F,SH,Q,D,F}(t) \approx f_F(t) \quad .$$

Da schließlich die gefilterte Funktion f_F im wesentlichen mit f übereinstimmt, ergibt sich letztlich wie behauptet

$$f_{F,SH,Q,D,F}(t) \approx f(t) \quad ,$$

d.h., aus der gefilterten, abgetasteten, quantisierten und codierten Information läßt sich durch Dirac-Typ-Modifikation und anschließender erneuter Filterung das Primärsignal – zumindest näherungsweise – rekonstruieren.

4.3.2 Bemerkung

Wir haben uns in Hinblick auf die jeweils konkrete elektrotechnische Realisierung der Schritte 1–5 auf einige grundsätzliche Bemerkungen beschränkt und der mathematischen Legitimation des Vorgehens die primäre Aufmerksamkeit gewidmet. Die elektrotechnisch weitergehend interessierten Leserinnen und Leser seien auf das Buch [15] von Thomsen verwiesen. Wer schließlich noch etwas tiefer in die mathematische Theorie der Signal- und Informationsverarbeitung eindringen will, findet sicher in [11] die grundlegenden Konzepte und Resultate sowie Anregungen zu weiterem Studium.

4.4 Lösungshinweise zu den Übungsaufgaben

Zu Aufgabe 4.2.1

Zunächst gilt auch hier

$$Q(t) = CU_a(t) \;,$$

wobei $Q(t)$ wieder die zum Zeitpunkt t vorhandene Kondensatorladung bezeichnet. Differentiation ergibt nun

$$I_C(t) := \dot{Q}(t) = C\dot{U}_a(t) \;.$$

Über den am Eingang liegenden Widerstand fließt nun der Gesamtstrom

$$I(t) = I_C(t) + I_R(t) \;,$$

wobei $I_R(t)$ den über den Ausgangswiderstand fließenden Strom bezeichnet. Wir erhalten also

$$I(t) = C\dot{U}_a(t) + \frac{1}{R}U_a(t) \;,$$

folglich insgesamt mit der Kirchhoffschen Maschenregel die Differentialgleichung

$$R(C\dot{U}_a(t) + \frac{1}{R}U_a(t)) + U_a(t) = U_e(t) \;,\; t \geq 0 \;,$$

bzw.

$$RC\dot{U}_a(t) + 2U_a(t) = U_e(t) \;,\; t \geq 0 \;.$$

Die Anwendung der Laplace-Transformation ergibt mit $\alpha \in I\!R$ geeignet

$$RC(\dot{U}_a)^\sim(z) + 2U_a^\sim(z) = U_e^\sim(z) \;,\; z \in \mathbb{C}_\alpha \;.$$

Mit der Anfangsbedingung $U_a(0) = 0$ erhält man daraus unter Ausnutzung von Satz 3.5.1

$$RCzU_a^\sim(z) + 2U_a^\sim(z) = U_e^\sim(z) \;,\; z \in \mathbb{C}_\alpha \;,$$

bzw.

$$U_a^\sim(z) = \frac{1}{2 + RCz}U_e^\sim(z) \;,\; z \in \mathbb{C}_\alpha \;.$$

Also lautet die gesuchte Übertragungsfunktion

4.4 Lösungshinweise zu den Übungsaufgaben

$$G(z) := \frac{1}{2 + RCz} \quad , \quad z \in \mathbb{C}_\alpha \quad .$$

Die Gewichtsfunktion des Netzwerks, d.h. die Laplace-Inverse der Übertragungsfunktion, ergibt sich dann gemäß Satz 3.2.10 zu

$$g(t) = \frac{1}{RC} e^{-\frac{2}{RC}t} \quad , \quad t \geq 0 \quad .$$

Die Übergangsfunktion berechnet sich dann aus g als

$$\begin{aligned} h(t) &= \int_0^t g(\tau)d\tau = \int_0^t \frac{1}{RC} e^{-\frac{2}{RC}\tau} d\tau \\ &= \left[-\frac{1}{2} e^{-\frac{2}{RC}\tau} \right]_0^t = \frac{1}{2}\left(1 - e^{-\frac{2}{RC}t}\right) \quad , \quad t \geq 0 \quad . \end{aligned}$$

Schließlich ergibt sich der Frequenzgang aus der Restriktion der Übertragungsfunktion G auf die imaginäre Achse zu

$$F(\omega) = G(i\omega) = \frac{1}{2 + RCi\omega} \quad , \quad \omega \in \mathbb{R} \quad .$$

Zu Aufgabe 4.3.1

Die Tabelle ergibt sich zu:

(R,n)-Quantisierungswert	Binär-Code
-6.0	0 0 0
-4.5	0 0 1
-3.0	0 1 0
-1.5	0 1 1
0.0	1 0 0
1.5	1 0 1
3.0	1 1 0
4.5	1 1 1

Für $\xi_1 = -2.843$ erhält man den (R,n)-Quantisierungswert $[-2.843]_Q = -3.0$ sowie den Binär-Code 010 und entsprechend für $\xi_2 = 0.728$ den (R,n)-Quantisierungswert $[0.728]_Q = 0.0$ sowie den Binär-Code 100.

Literaturverzeichnis

[1] S. BOCHNER, Vorlesungen über Fouriersche Integrale, Akademische Verlagsgesellschaft, Leipzig, 1932.

[2] P. L. BUTZER UND R.J. NESSEL, Fourier Analysis and Approximation, One-Dimensional Theory, Birkhäuser Verlag, Basel–Stuttgart, 1971.

[3] L. CARLESON, On convergence and growth of partial sums of Fourier series, Acta Math. 116, 1966, 135–157.

[4] G. DOETSCH, Einführung in Theorie und Anwendung der Laplace-Transformation, Birkhäuser Verlag, Basel–Stuttgart, 1970.

[5] G. DOETSCH, Anleitung zum praktischen Gebrauch der Laplace-Transformation und der Z-Transformation, R. Oldenbourg Verlag, München–Wien, 1981, vierte Auflage.

[6] W. F. DONOGHUE, Distributions and Fourier Transforms, Academic Press, New York–London, 1969.

[7] O. FÖLLINGER, Regelungstechnik, Elitera-Verlag, Berlin, 1978, zweite Auflage.

[8] O. FÖLLINGER, Laplace- und Fourier-Transformation, Hüthig-Verlag, Heidelberg, 1986, vierte Auflage.

[9] A. KOLMOGOROFF, Sur les fonctions harmoniques conjuguées et les séries de Fourier, Fund. Math. 7, 1925, 24–29.

[10] M. J. LIGHTHILL, Introduction to Fourier Analysis and Generalised Functions, Cambridge University Press, Cambridge, 1958.

[11] A. V. OPPENHEIM UND A. S. WILLSKY, Signale und Systeme, VCH Verlagsgesellschaft, Weinheim, 1989.

[12] A. PAPOULIS, The Fourier Integral and Its Applications, McGraw-Hill, New York, 1962.

[13] W. SCHEMPP UND B. DRESELER, Einführung in die harmonische Analyse, B.G. Teubner, Stuttgart, 1980.

[14] E. M. STEIN UND G. WEISS, Introduction to Fourier Analysis on Euclidean Spaces, Princeton University Press, Princeton, 1971.

[15] D. THOMSEN, Digitale Audiotechnik, Franzis-Verlag, München, 1983.

[16] E. C. TITCHMARSH, Introduction to the Theory of Fourier Integrals, Clarendon Press, Oxford, 1975, zweite Auflage.

[17] A. TORCHINSKY, Real-Variable Methods in Harmonic Analysis, Academic Press, New York, 1986.

[18] H. UNBEHAUEN, Regelungstechnik I, F. Vieweg & Sohn, Braunschweig–Wiesbaden, 1989, sechste Auflage.

[19] H. WEBER, Laplace-Transformation für Ingenieure der Elektrotechnik, B.G. Teubner, Stuttgart, 1984.

[20] D. V. WIDDER, The Laplace Transform, Princeton University Press, Princeton, 1972, achte Auflage.

[21] N. WIENER, The Fourier Integral and Certain of its Applications, Cambridge University Press, Cambridge, 1935.

[22] A. ZYGMUND, Trigonometrical Series, Monografie Matematyczne, Warschau, 1935.

Symbolverzeichnis

Symbol	Kurzerklärung	Seite
$L_1^{2\pi}$	Raum der 2π-period. Lebesgue-integrierbaren Funktionen	1
$L_2^{2\pi}$	Hilbert-Raum spezieller 2π-periodischer Funktionen	4
$\langle f,g \rangle$	Skalarprodukt zweier Funktionen $f,g \in L_2^{2\pi}$	4
$\|f\|_2$	$\langle \cdot,\cdot \rangle$-induzierte Norm der Funktion $f \in L_2^{2\pi}$	4
E_k	k-tes (komplexes) trigonometrisches Grundpolynom	5
$\mathcal{T}_n$	n-ter (komplexer) trigonometrischer Polynomraum	6
$c_k(f)$	k-ter Fourier-Koeffizient der Funktion f	6
$F_n f$	n-te Fourier-Summe der Funktion f	6
Ff	Fourier-Reihe der Funktion f	10
$\mathcal{T}$	(komplexer) trigonometrischer Polynomraum	10
l_2	Hilbert-Raum spezieller Folgen	18
D_n	n-ter Dirichlet-Kern	25
$C^{2\pi}$	Raum der 2π-periodischen stetigen Funktionen	26
$\|f\|_\infty$	Maximumnorm der Funktion $f \in C^{2\pi}$	26
$RSC_1^{2\pi}$	Raum spezieller 2π-periodischer Funktionen	36
$C_m^{2\pi}$	Raum spezieller 2π-periodischer stetiger Funktionen	45
$Lip_\alpha^{2\pi}$	Raum spezieller 2π-periodischer stetiger Funktionen	45
$L_1(\mathbb{R})$	Raum der auf $\mathbb{R}$ Lebesgue-integrierbaren Funktionen	62
$f^\wedge$	Fourier-Transformierte der Funktion f	62
$\hat{F}_n f$	n-tes Fourier-Inversionsintegral der Funktion f	62
$\hat{F}f$	Fourier-Inversionsintegral der Funktion f	62
$f * g$	Faltungsintegral zweier Funktionen $f,g \in L_1(\mathbb{R})$	63
P	Picard-Kern	68
$P^\wedge$	Poisson-Kern	68
$(p_\lambda)_{\lambda > 0}$	Familie der normierten Poisson-Kerne	68
$L_2(\mathbb{R})$	Hilbert-Raum spezieller auf $\mathbb{R}$ erklärter Funktionen	74
$\langle f,g \rangle$	Skalarprodukt zweier Funktionen $f,g \in L_2(\mathbb{R})$	74
$\|f\|_2$	$\langle \cdot,\cdot \rangle$-induzierte Norm der Funktion $f \in L_2(\mathbb{R})$	74
$W_{m,1}(\mathbb{R})$	Raum spezieller auf $\mathbb{R}$ erklärter stetiger Funktionen	95
sinc	"sinus cardinalis"-Funktion	105

Symbol	Kurzerklärung	Seite
$LE_\alpha(\mathbb{R}_+)$	Raum spezieller auf $\mathbb{R}_+$ erklärter Funktionen	123
$f^\sim$	Laplace-Transformierte der Funktion f	123
$H(f)$	Konvergenzhalbebene der Laplace-Transformierten von f	123
$f * g$	Faltungsintegral zweier Funktionen $f, g \in LE_\alpha(\mathbb{R}_+)$	128
m_n	n-tes (algebraisches) Monom	131
$\displaystyle\not\!\int$	Cauchy-Hauptwert-Integral	146
$\hat{F}_R f$	R-tes Fourier-Inversionsintegral der Funktion f	147
$RSC_1(\mathbb{R})$	Raum spezieller auf $\mathbb{R}$ erklärter Funktionen	152

Alle übrigen Bezeichnungen und Symbole sind entweder Standard oder werden nur lokal für begrenzte Zwecke eingeführt.

Index

absolute gleichmäßige Konvergenz, 44
Abtasttheorem, 107
Abtastung, 189
Ähnlichkeitssatz, 84
Asymptotik der Fourier-Koeffizienten, 46, 48
Asymptotik der Fourier-Transformierten, 97

Bairesches Theorem, 21
Banach-Steinhaus-Theorem, 23
bandbegrenzt, 105
Besselsche Ungleichung, 10
Bestapproximationseigenschaft, 9
Binär-Codierung, 190
Bode-Diagramm, 182

Cauchy-Hauptwert-Integral, 146
Cauchy-Schwarzsche Ungleichung, 4, 74
Codierung, 190
Cutoff-Frequenz, 188

Dämpfungssatz, 127
Decodierung, 193
Dini-Bedingung, 35, 151, 155
Dirac-Typ-Modifikation, 193
Dirichlet-Kern, 25
Divergenzresultat für Fourier-Reihen, 29

Exponentialsummen, 133
Exponentialtyp-Funktionen, 123

Führungsgröße, 176
Faltung mit Poisson-Kernen, 69
Faltungsprodukt, 63, 128

Faltungssatz, 65, 130
Filterung, 188
Fourier-Integral, 60, 62
Fourier-Inversionsfehler, 148
Fourier-Inversionsformel, 62, 85, 91, 97, 105, 153
Fourier-Inversionsintegrale, 62, 82
Fourier-Inversionssatz für $L_2(I\!R)$, 85
Fourier-Inversionssatz von Dini, 151
Fourier-Inversionssatz von Dirichlet-Jordan, 153
Fourier-Koeffizienten, 6
Fourier-Projektor, 6
Fourier-Reihe, 10
Fourier-Summe, 6
Fourier-Summen-Fehler, 32
Fourier-Summen-Punktfunktionale, 26
Fourier-Transformierte, 60, 62
Frequenzgang, 181
Funktionenraum $C_m^{2\pi}$, 45
Funktionenraum $L_1^{2\pi}$, 1
Funktionenraum $L_2^{2\pi}$, 4
Funktionenraum $L_1(I\!R)$, 62
Funktionenraum $L_2(I\!R)$, 74
Funktionenraum $LE_\alpha(I\!R_+)$, 123
Funktionenraum $Lip_\alpha^{2\pi}$, 45
Funktionenraum $RSC_1^{2\pi}$, 36
Funktionenraum $RSC_1(I\!R)$, 152
Funktionenraum $W_{m,1}(I\!R)$, 95

Gegenkopplungsglied, 178
Gegenkopplung, 176
Gewichtsfunktion, 180

Index

Gibbssches Phänomen, 39
harmonische Analyse, 183
harmonischer Eingang, 181
Hilbert-Raum, 4, 74
Holomorphie der Laplace-Transformierten, 137

idealer Tiefpaßfilter, 185
Identitätssatz, 14, 73, 135
Impulseingang, 180
Integraldarstellung der Fourier-Summen, 25
Isomorphiesatz, 19, 87

kausale Funktion, 120
Kirchhoffsche Maschenregel, 179
komplexe trigonometrische Grundpolynome, 5
komplexe trigonometrische Polynome, 6
Konvergenzhalbebene, 123
Konvergenzsatz für $L_2^{2\pi}$, 17
Konvergenzsatz von Dini, 35
Konvergenzsatz von Dirichlet-Jordan, 37
Korrespondenztabellen, 133

Laplace-Integral, 123
Laplace-Inversionsformel, 135, 154–156
Laplace-Inversionssatz, 142
Laplace-Inversionssatz von Dini, 155
Laplace-Inversionssatz von Dirichlet-Jordan, 156
Laplace-Strategie für Differentialgleichungen, 159
Laplace-Transformation von Ableitungen, 158
Laplace-Transformierte, 121, 123
Lipschitz-Bedingung, 45

Norm, 4, 74

Operationsverstärker, 178

orthogonales Funktionensystem, 5
Orthogonalität, 5
Ortskurvendiagramm, 182

Parsevalsche Gleichung, 17, 75, 80
Picard-Kern, 68
Plancherel-Theorem, 85
Poisson-Kern, 68
Poissonsche Summenformel, 103
Projektionseigenschaft, 8

Quantisierung, 190

Regelabweichung, 176
Regeldifferenz, 176
Regelgröße, 176
Regelkreis, 176
reguläre Unstetigkeitsstelle, 36, 153
Retardationssatz, 128
Riemann-Lebesgue-Theorem, 30, 67, 139
Riemannsches Lokalisationsprinzip, 33, 150, 154
Riesz-Fischer-Theorem, 15

sinc-Funktion, 105
Skalarprodukt, 4, 74
Sollwert, 176
Spiegelungssatz, 84
Sprungeingang, 181
Störgröße, 176

Transistor, 176
Translationsinvarianz, 84

Übergangsfunktion, 181
Übertragungsfunktion, 180

Verschiebungssatz, 84
Verzögerungsglied, 178
Vollständigkeitseigenschaft, 11, 72

Whittaker-Shannon-Kotelnikov-Abtasttheorem, 107